南京市
河湖水环境治理技术及典型案例

NANJING SHI HEHU SHUI HUANJING
ZHILI JISHU JI DIANXING ANLI

付东王 管桂玲 ◎著

河海大学出版社
·南京·

图书在版编目（ＣＩＰ）数据

南京市河湖水环境治理技术及典型案例/付东王，管桂玲著. -- 南京：河海大学出版社，2023.3
 ISBN 978-7-5630-8207-0

Ⅰ．①南… Ⅱ．①付… ②管… Ⅲ．①河流-水环境-综合治理-案例-南京②湖泊-水环境-综合治理-案例-南京 Ⅳ．①X52

中国国家版本馆 CIP 数据核字(2023)第 046661 号

书　　名	南京市河湖水环境治理技术及典型案例
书　　号	ISBN 978-7-5630-8207-0
责任编辑	龚　俊
特约编辑	梁顺弟　许金凤
特约校对	丁寿萍
封面设计	徐娟娟
出版发行	河海大学出版社
地　　址	南京市西康路 1 号(邮编:210098)
电　　话	(025)83737852(总编室)　(025)83722833(营销部)
经　　销	江苏省新华发行集团有限公司
排　　版	南京布克文化发展有限公司
印　　刷	广东虎彩云印刷有限公司
开　　本	718 毫米×1000 毫米　1/16
印　　张	12.75
字　　数	220 千字
版　　次	2023 年 3 月第 1 版
印　　次	2023 年 3 月第 1 次印刷
定　　价	80.00 元

前 言

水是生命之源,河湖是城市的血脉。城市的建立、发展历来与河湖息息相关。人类对河湖的认识和对河湖的利用由来已久,对水清、岸绿的河湖也素有向往。而随着城市经济和社会的发展,人类的过度干扰使得原有自然水生态系统退化,水体污染不断加剧,河湖自然景观遭到破坏,河湖对城市的生态调节作用削弱。河湖生态破坏不仅加剧了水资源的短缺,威胁着饮用水的安全和人们的健康,也破坏了城市景观,影响到人们的生活环境和生活质量。

2015年4月,国务院颁布《水污染防治行动计划》(简称"水十条"),党的十九大提出了"加快生态文明体制改革,建设美丽中国"的时代要求,水环境建设是生态文明建设的重要内容,事关人居环境的改善和城市魅力的展现,事关人民群众生活品质的提升和全面建成小康社会目标的实现。城市河湖现状,无论在功能上还是形象上,与新时期、新形势下的要求还有较大差距,因此水环境治理工作任重道远。

南京襟江带河,依山傍水,丰富的河湖资源和多样的水生态环境是"山水城林"城市发展的一大特色和优势。南京地处长江下游,市域面积6 587.02 km²,境内湖泊、水库、河流众多,全市纳入河长制管理的江河湖库等主要水体2 644个,有长江、滁河、秦淮河、水阳江等流域、区域性河道,列入省名录的湖泊有固城湖、石臼湖、玄武湖等9座,中小型水库251座,骨干河道48条,入江支流28条;全市共有污水处理厂59座,总处理能力301万 t/d,有污水管道3 500km、雨水管道6 100 km。"十三五"时期,全市深入贯彻习近平生态文明思想,按照长江大保护和深入打好污染防治攻坚战等决策部署,全力打赢打好碧水保卫战。市委市政府针对水环境治理中存在的突出问题,聚焦重点,聚力难点,下大气力解决短期效应与长期任务的矛盾,既采取超常规措施,实现水质达标的"短平快",又顺应群众期盼,综合治理、标本兼治,取得了阶段性成效，水环境面貌得到了较大改善，水环境质量连续三年保持全省第一。

南京市水利规划设计院股份有限公司（简称"南水股份"）积极投身加入到南京市河湖综合整治的工作中。自 2001 年承担南京市母亲河——外秦淮河综合整治工程勘察设计任务以来，陆续承担了南京市主要河湖的大部分综合整治勘察设计任务。2016 年，为了更科学、更专业、更高效地打好水污染防治攻坚战，南水股份成立了水环境分院，专门承担水环境治理勘察设计与科研工作。本书结合水环境分院多年来从事的南京市河湖水环境治理规划咨询和设计的经验，对不同类型水环境治理技术及典型案例进行了总结，主要包括水环境治理的基本原理和方法、河道水环境治理典型案例、湖库水环境治理典型案例、流域水环境治理典型案例等等，以期对后来者有所启发，为南京市水环境下一阶段的提升产生积极影响，同时也为类似地区水环境治理提供借鉴和参考。

本书由南水股份付东王、管桂玲编著。全书共分为五章，由付东王负责大纲编写拟定、统稿和编审，各章节编写分工具体如下：第一章 南京市河湖水环境概况（付东王），第二章 水环境治理的基本原理与方法（付东王、管桂玲），第三章 河道水环境治理典型案例（付东王、管桂玲），第四章 湖库水环境典型案例（付东王、管桂玲），第五章 流域水环境典型案例（付东王、管桂玲），南水股份水环境分院全体成员对本书编著亦有贡献。文中所述案例，部分为与其他兄弟单位联合规划设计，借此机会对他们表示感谢！

有幸请得河海大学顾冲时教授、王保田教授，南水股份陈勇教高、陈晓静教高等专家、学者审阅本书大纲，他们对大纲提出了宝贵的修改意见，在此表示衷心的感谢。本书得到了南京市水务局相关处室、公司领导的关注与支持，在此一并感谢。

由于编者水平有限，本书难免存在一些理解深度不够、技术方法尚待改进之处，甚至错漏之处，敬请读者谅解并提出宝贵意见。

付东王　管桂玲
2022 年 10 月

目 录

第一章 南京市河湖水环境概况 …… 001
  第一节 南京市河湖基本情况 …… 001
  第二节 南京市河湖水环境现状 …… 004
    一、大江大河 …… 004
    二、入江支流 …… 005
    三、城市内河 …… 005
  第三节 南京市河湖水环境治理历程 …… 005

第二章 水环境治理的基本原理与方法 …… 014
  第一节 对水环境的理解 …… 014
  第二节 水环境治理发展与政策 …… 015
    一、国外水环境治理发展与政策 …… 015
    二、国内水环境治理发展与政策 …… 017
  第三节 水环境治理基本思路 …… 021
    一、治理目标 …… 021
    二、治理原则 …… 022
    三、治理策略 …… 023
  第四节 水环境治理常用技术分析方法 …… 024
    一、水环境质量评价方法 …… 024
    二、污染源调查与分析方法 …… 028
    三、水体纳污能力计算方法 …… 034
    四、污染源削减分配方案制定 …… 037
    五、河湖健康评价方法 …… 037

六、水文计算分析方法 …………………………………… 043
第五节　水环境治理主要措施要点 …………………………… 045
　　一、水安全 ………………………………………………… 045
　　二、水环境 ………………………………………………… 046
　　三、水生态 ………………………………………………… 046
　　四、水景观 ………………………………………………… 047
　　五、水管理 ………………………………………………… 047

第三章　河道水环境治理典型案例 ……………………………… 048
第一节　南河 …………………………………………………… 048
　　一、河道概况 ……………………………………………… 048
　　二、调查分析 ……………………………………………… 050
　　三、目标策略 ……………………………………………… 070
　　四、措施设计 ……………………………………………… 070
　　五、工程实施 ……………………………………………… 072
　　六、思考建议 ……………………………………………… 073
第二节　珍珠河 ………………………………………………… 075
　　一、河道概况 ……………………………………………… 075
　　二、调查分析 ……………………………………………… 077
　　三、目标策略 ……………………………………………… 087
　　四、措施设计 ……………………………………………… 087
　　五、工程实施 ……………………………………………… 091
　　六、思考建议 ……………………………………………… 093
第三节　外秦淮河七里街段 …………………………………… 094
　　一、河道概况 ……………………………………………… 094
　　二、调查分析 ……………………………………………… 094
　　三、目标策略 ……………………………………………… 098
　　四、措施设计 ……………………………………………… 098
　　五、工程实施 ……………………………………………… 101
　　六、思考建议 ……………………………………………… 102

第四章　湖库水环境治理典型案例 ……………………………… 105
第一节　莫愁湖 ………………………………………………… 105

一、湖泊概况 ………………………………………………… 105
　　二、调查分析 ………………………………………………… 107
　　三、目标策略 ………………………………………………… 115
　　四、措施设计 ………………………………………………… 115
　　五、工程实施 ………………………………………………… 120
　　六、思考建议 ………………………………………………… 122
　第二节　赵村水库 ……………………………………………… 124
　　一、水库概况 ………………………………………………… 124
　　二、调查分析 ………………………………………………… 128
　　三、目标策略 ………………………………………………… 137
　　四、措施设计 ………………………………………………… 137
　　五、工程实施 ………………………………………………… 143
　　六、思考建议 ………………………………………………… 145

第五章　流域水环境治理典型案例 ………………………………… 147
　第一节　高淳中西部圩区 ……………………………………… 147
　　一、流域概况 ………………………………………………… 147
　　二、调查分析 ………………………………………………… 149
　　三、目标策略 ………………………………………………… 152
　　四、措施设计 ………………………………………………… 154
　　五、工程实施 ………………………………………………… 161
　　六、思考建议 ………………………………………………… 162
　第二节　金川河流域 …………………………………………… 166
　　一、流域概况 ………………………………………………… 166
　　二、调查分析 ………………………………………………… 169
　　三、目标策略 ………………………………………………… 182
　　四、措施设计 ………………………………………………… 182
　　五、工程实施 ………………………………………………… 185
　　六、思考建议 ………………………………………………… 186

参考文献 …………………………………………………………… 192

第一章

南京市河湖水环境概况

第一节　南京市河湖基本情况

南京，简称宁，古称金陵、建康，是江苏省会、副省级市、特大城市、南京都市圈核心城市，国务院批复确定的中国东部地区重要的中心城市、全国重要的科研教育基地和综合交通枢纽。南京市位于长江下游中部富庶地区，江苏省西南部，东连长江三角洲，西达荆楚，南临皖浙，北接江淮平原。现辖玄武、秦淮、建邺、鼓楼、江北新区、浦口、栖霞、雨花台、江宁、六合、溧水、高淳十二个板块，市域平面呈南北长、东西窄分布，面积6 587.02 km²。

南京市水面率达11.5%，境内有三大主要水系，即长江水系、淮河水系、太湖水系。长江水系是南京市境内最大的水系，流域面积6 288.3 km²，占市域面积的95.5%。根据河道特征和对南京市经济社会的影响程度，长江水系又可细分出四条水系，即长江南京河段沿江水系、秦淮河水系、滁河水系、水阳江水系。南京市通称的水系是指这4条水系，外加淮河、太湖2条水系，共6条水系。南京市6条水系共有116条主要河道，连接湖泊9座，连接水库251座。

（1）长江干流及沿江水系

长江南京河段位于南京市中部，自西南向东北偏东方向横穿南京市，把南京市分割为江南、江北两片。长江干流及沿江水系由干流和两岸26条（不含秦淮新河、滁河5条分洪河道）通江支流共同组成。长江南京河段上接安徽省马鞍山河段,下连江苏省镇扬河段,属微弯分汊型河道,主泓河道长92.3 km,平面形态呈藕节状,宽窄相间。长江岸线北岸起自驷马山河口,流经浦口区、六合区,下至滁河小河口,堤防长94.0 km,沿线有石碛河等10条支流河道汇入;南岸起自和尚港,流经江宁区、雨花台区、建邺区、鼓楼区、栖霞区,下至便民河(大道河口),堤防长97.7 km,沿线有江宁河等16条支流汇入。面积较大的主要支流北岸有石碛河、高旺河、城南河、七里河、石头河等,南岸有江宁河、板桥河、金川河、九乡河、便民河等。沿江水系流域总面积1 653.6 km^2,占市域总面积的25.1%;有玄武湖1座湖泊;有小型水库40座,总库容6 219万 m^3;支流河口建节制闸的有江宁河、板桥河等2条,金川河口建有蓄水闸。

(2) 秦淮河水系

位于南京市主城区、雨花台区、栖霞区、江宁区、溧水区境内。由秦淮河干流、秦淮新河分洪道和沿河两岸15条一级支流共同组成。秦淮河上游有两条主要支流,分别为发源于句容市宝华山的句容河,发源于溧水区东庐山的溧水河,两条支流在西北村汇合,形成秦淮河干流;干流自西北村由南向北,在下关区三汊河汇入长江,长35.1 km。河道流经南京、镇江两市及十一个区县,流域总面积2 631 km^2,其中南京市境内流域面积1 708 km^2,占市域范围的25.93%。除句容河、溧水河两大支流外,南京市内汇水面积较大的主要支流河道有一干河、二干河、三干河、横溪河、汤水河、解溪河、云台山河、牛首山河、运粮河等9条。有百家湖、九龙湖、莫愁湖、紫霞湖、前湖、月牙湖、南湖等城市湖泊7座;有中山、方便、卧龙和赵村4座中型水库,小型水库66座,总库容16 705万 m^3;有秦淮新河枢纽、武定门节制闸、三汊河蓄水闸等3座水闸。

(3) 滁河水系

滁河流经安徽、江苏两省,发源于安徽省肥东县梁园的丘陵山区,干流流向自西南向东北偏东方向,与长江基本平行,干流河道自襄河口闸下陈浅乡进入南京市,流经浦口、六合两区,在六合大河口汇入长江,总长269 km。南京市境内水系由滁河干流、驷马山河、朱家山河、马汊河、岳子河、划子口河5条分洪道和18条一级支流构成。境内滁河干流总长116 km,流域面积1 632.8 km^2,占南京市市域面积的24.79%。滁河两岸汇水面积较大的主要支流有皂河、黄木桥河、八百河、新禹河等;有龙池湖1座城市湖泊;有金牛山、山湖、大泉、大河桥中型水库4座,小型水库54座,总库容22 110万 m^3;跨河枢纽有红山窑闸站、三汊湾闸两处,分洪道及支流河道上另有朱家山河闸、岳

第一章 南京市河湖水环境概况

图 1.1-1 南京市水系示意图

子河闸、划子口闸、新禹河低闸等。

(4) 水阳江水系

水阳江、青弋江、漳河流域地跨安徽、江苏两省,水阳江位于流域东部,流域面积 10 385 km², 干流总长 273 km, 涉及南京市溧水区、高淳区及江宁区。南京市域内水系由水阳江干流、固城湖、石臼湖 2 个重要湖泊和 3 条洪水进出河道及 10 条一级支流共同构成。境内的水阳江干流自高淳区水碧桥至费家咀, 长 19.9 km。流域面积 1 293.9 km², 占市域总面积的 19.64%。主要支流河道有新桥河、漆桥河、天生桥河、胥河 4 条。天生桥河是连通秦淮河水系和水阳江水系的人工河道, 胥河是连通水阳江水系和太湖水系的人工河道。有石臼湖、固城湖 2 座湖泊; 有老鸦坝、姚家、赭山头、龙墩河 4 座中型水库, 小型水库 61 座, 总库容 8 560.5 万 m³; 有杨家湾闸、茅东闸等。

(5) 淮河水系

位于六合区东北部冶山、马集镇境内。淮河水系南京市境内流域面积 128.4 km², 以低山丘陵为主, 占南京市市域面积的 1.95%。蔡桥河连接河王坝水库及安徽省天长市川桥水库, 长 14.6 km。水系内有河王坝中型水库 1 座; 有小型水库 10 座, 总库容 1 147.4 万 m³。

(6) 太湖水系

位于高淳区东北部的桠溪镇、东坝镇和溧水区东南部的晶桥镇境内。南京市境内的太湖水系骨干河道是胥河, 以下坝船闸和茅东闸为太湖水系和水阳江水系的分水岭, 胥河太湖水系河长 16.4 km。太湖水系流域面积 168.7 km², 占南京市土地面积的 2.56%。太湖水系的胥河上有松溪河、桠溪河 2 条支流。有小型水库 7 座, 总库容 327.4 万 m³。

第二节　南京市河湖水环境现状

一、大江大河

2021 年起, 南京市的国省考断面在"十三五"基础上增加为 42 个, 同时有市考断面 72 个作为补充。国省考断面主要表征"大江大河"水质, 2020 年南京市 22 个国省考断面水环境质量年度水质均达到Ⅲ类水标准。

二、入江支流

2020年,南京市入江支流监测断面共28个,其中省控断面7个,市控断面21个,年度水质优于Ⅲ类6个,Ⅲ类水19个,Ⅳ类水2个,Ⅴ类水1个。

根据月度监测数据,2020年共有8个断面不达标,超标次数26次。其中:氨氮超标19次,总磷超标2次,高锰酸盐指数超标4次,溶解氧超标1次,累计超标(按月统计)26次。

入江支流达标情况省内领先。

三、城市内河

城市内河水质年均值达标率为93%,总体达标,但汛期断面水质易波动,城市内河水质雨季明显比旱季差,7月份氨氮浓度最高,2020年7月,共计336个城市内河断面中,107个断面的月度氨氮指标有劣Ⅴ类水现象,占比达到32%,水体质量存在反复与不稳定性。且水质的空间差异明显,例如,龙江流域、东西玉带河水系的水质问题较严重。

第三节 南京市河湖水环境治理历程

追溯南京市河湖治理历程,最早时期是围绕河道的防洪排涝功能开展治理。

20世纪50年代整治的重点是市区的外秦淮河,解决流域性抗旱并结合城区防汛排涝,主要整治内容包括河道疏浚、局部主流改道、建设节制闸及泵站等。主流改道是从中和桥下游象房村附近起到武定门止,新挖河道长1 km,原经通济门的旧河仍保留。同时疏浚三山桥以下至三汊河口的河道,河底高程由3 m挖到0 m。在新开河道上建钢筋混凝土节制闸一座,6孔,每孔宽8 m,设计行洪流量450 m³/s,从而使市区外秦淮河与上游干流断航。这一时期开始建设城北引水工程,为引水进入内秦淮河增加水源以补充玄武湖水量之不足。水源利用下关电厂冷却水送至玄武湖,再经武庙闸、太平门闸

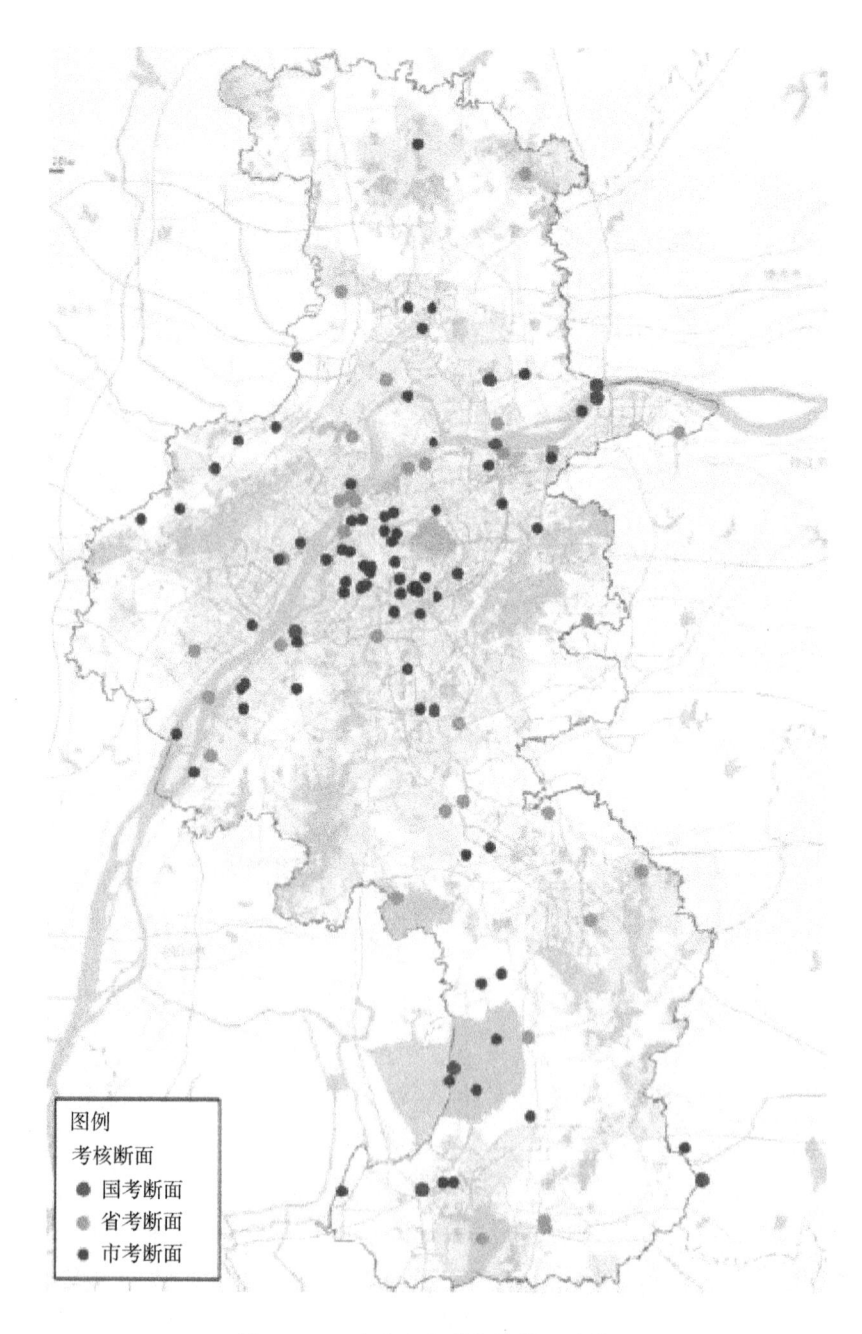

图 1.1-2　南京市水质考核断面分布图

第一章 南京市河湖水环境概况

图 1.1-3 南京市入江支流 2020 年度水质类别分布图

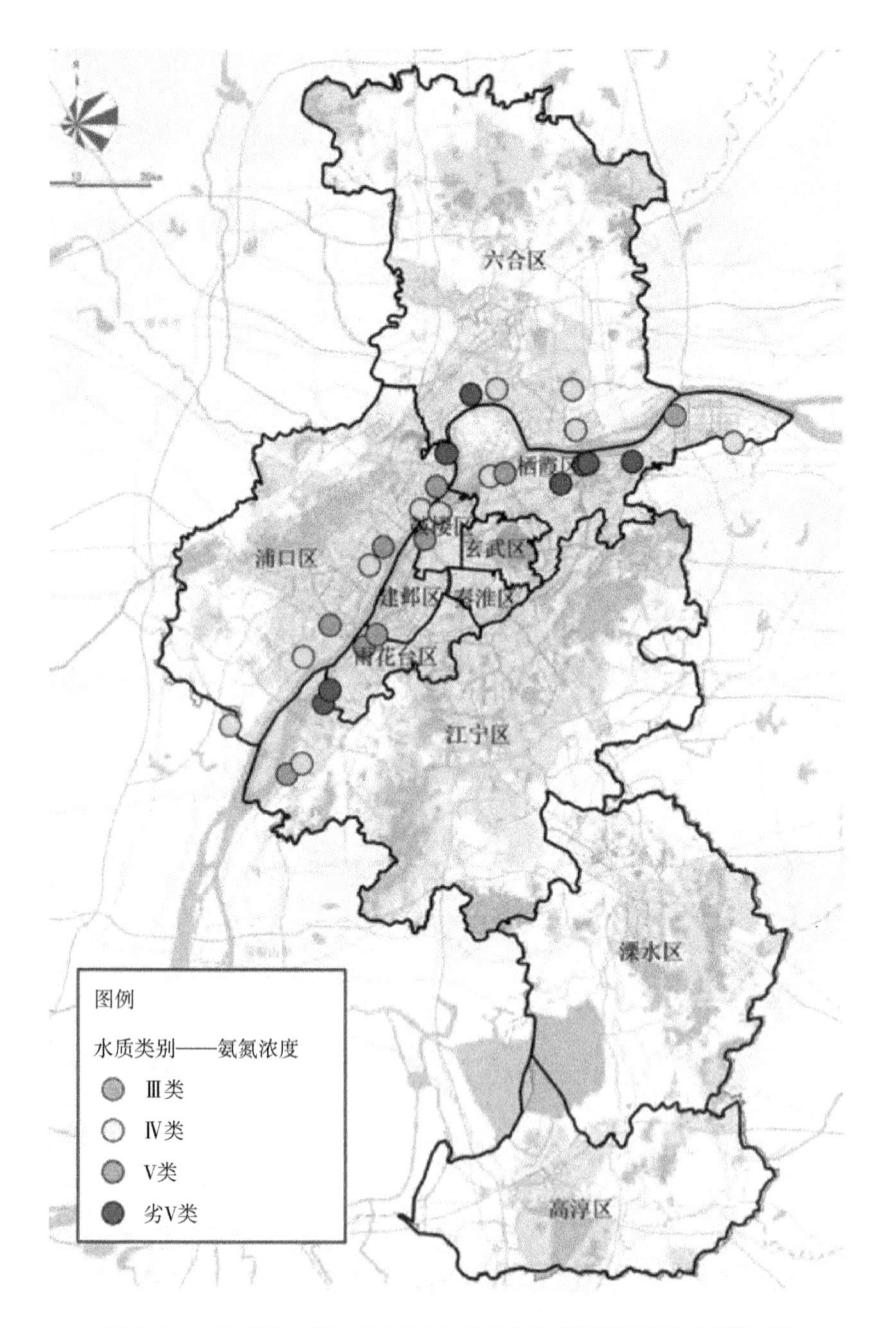

图 1.1-4　南京市入江支流 2020 年月度氨氮超标情况（最差月数据）

第一章 南京市河湖水环境概况

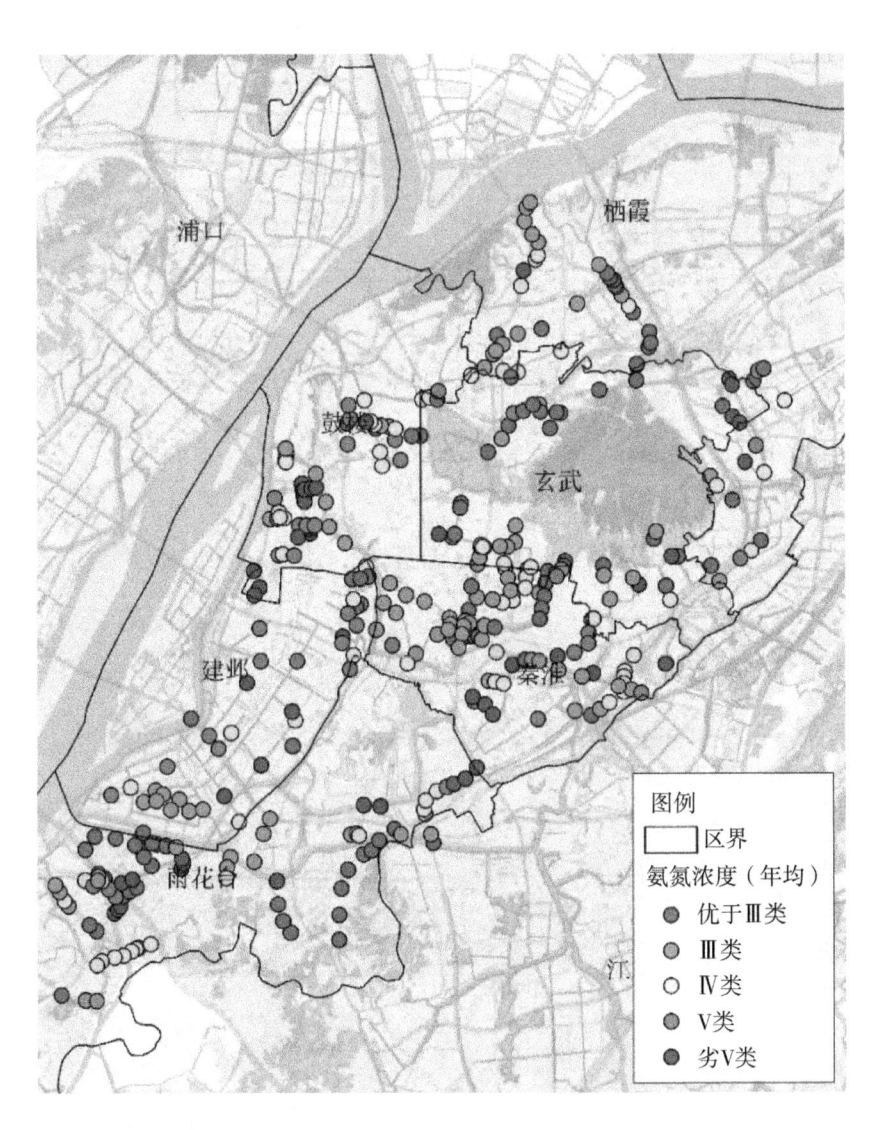

图 1.1-5 南京市城市内河 2020 年度氨氮水质分布图

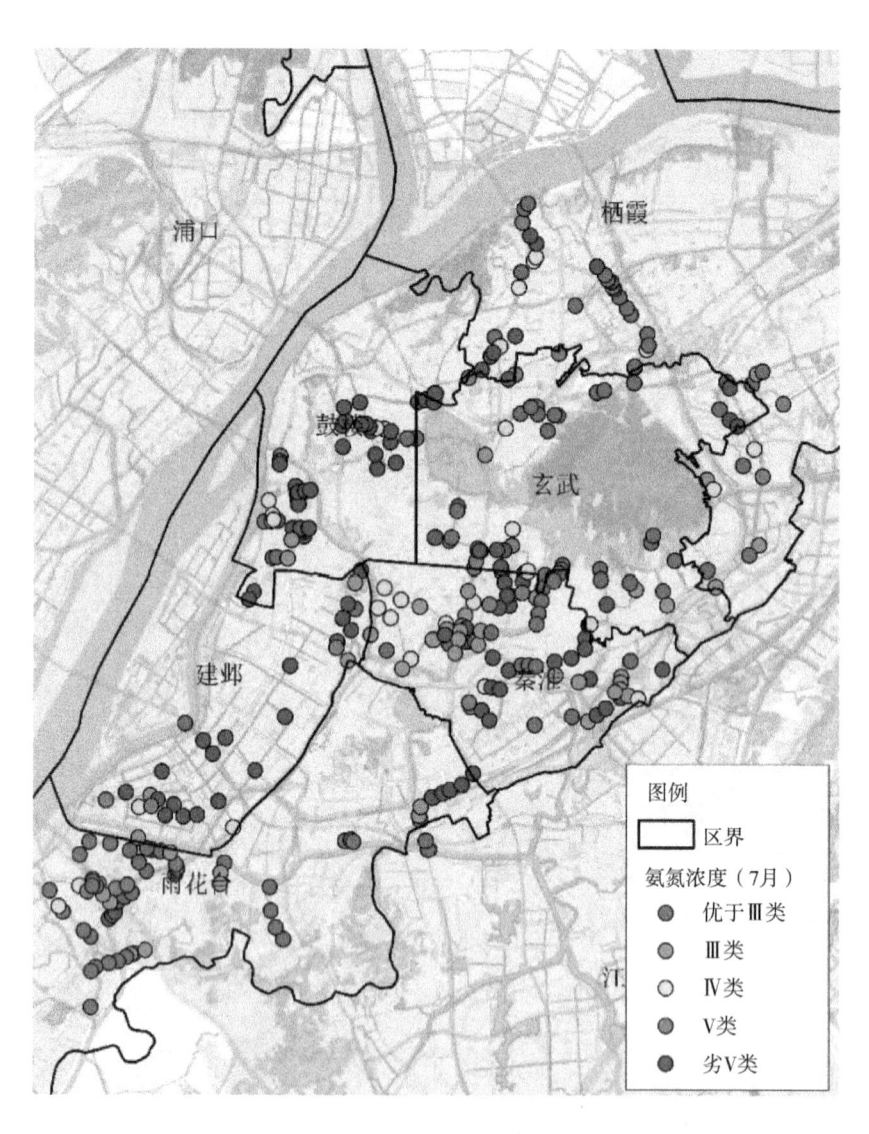

图 1.1-6　南京市城市内河 2020 年度 7 月氨氮水质分布图

入内秦淮河,依次进入内秦淮河流域的相关河道。

1960年6月,在内秦淮河南段进、出口建设东水关、西水关小型船闸各1座。1969年5月,疏浚武定门至三山桥段河道,在武定门外旧河上建双向排灌两用的武定门泵站1座,流量46 m³/s;同时,在泵站上游九龙桥附近建成三孔闸1座,改建东水关九孔涵闸1座。武定门泵站建成后,既可抽升来自长江的外秦淮河水以补充秦淮河上游三县一郊的农田灌溉水源,又可为南京城区防汛排涝时抽内秦淮河水入外秦淮河。

1975—1980年,在省统一规划下开始进行流域整治,开挖秦淮新河。新开河道长18 km,自河定桥经铁心桥、西善桥穿过沙洲圩、金胜村入长江,包括上游小龙圩裁弯1.04 km及切岭段2.9 km。新建跨河桥梁11座、排洪量为800 m³/s的节制闸1座、流量40 m³/s的泵站1座,以及可通行千吨船队的船闸1座。

现代意义上的水环境综合治理开始于20世纪90年代末,在吸取了历史上河道治理的经验教训的基础上,南京市以改善水环境、发挥减排效益、突出景观功能等为目标开展治理。

2002年开展的外秦淮河环境综合整治,历时十年,在安居、水利、环保、景观、文化五个主要方面累计投入资金52亿元,被联合国人居署列为亚洲城市水项目的范例项目,有效改善了城市环境,大大提升了城市形象。

2004年7月,市领导专题调研南京市城市水环境治理工作,明确提出要制定新一轮水环境治理规划,继续加大水环境治理力度,实现人与自然和谐共处。

2005年初,市政府批复了2005—2007年主城水环境治理近期建设规划。该建设规划提出了在2005—2007年治理秦淮河等7条水系、玄武湖等3个湖泊,新建或扩建污水处理厂等4类厂站,铺设400 km雨污水管道(简称"7344"工程)。秦淮河治理项目获得了"联合国人居特别荣誉奖"。

2008—2010年,为贯彻落实省水污染治理工作会议精神,进一步加大污染治理力度,全面改善南京市范围内的水环境质量,2007年南京市又制定了标本兼治、综合治理的原则,采取控源、截污、引流、清淤、修复等多种手段,通过重点实施"2234计划"(即关停、搬迁、改造200家以上污染企业,建设20座以上污水处理厂,加强30个以上集中式饮用水源地保护,全市主要水体达到Ⅳ类以上标准),对全市水环境进行全面、系统、科学的治理,促进全市水环境根本好转。

2010—2013年,为顺应群众呼声,解决日益恶化的水环境问题,南京市在充分调查研究的基础上,2010年开始在玄武湖、金川河流域(总面积49.8 km²)内新建约135 km污水管道,实施南十里长沟、城北护城河整治工程,玄武湖流域和金川河流域(一湖一河)雨污分流改造及内外金川河清水工程,使"一湖"水体水质达到地表水Ⅳ类水质标准,"一河"水体水质达到地表水Ⅴ类水质标准。

2013—2016年,按照省政府关于开展全省城市环境综合整治的整体部署,为进一步改善南京市城市环境面貌和人居环境质量,2013年9月,市委、市政府研究决定,全面开展黑臭水体整治三年行动。城市环境综合整治覆盖全市11个区建成区范围,主要整治内容为:"九整治"——整治城郊接合部的城中村和棚户区,主次干道,背街小巷,老旧小区,城市河道,低洼易涝片区,大气环境,建设工地,农贸市场;"三规范"——规范占道经营,车辆停放,户外广告设置;"两集中"——生活污水集中处理,生活垃圾集中处理;"两提升"——提升城市园林绿化水平,城市长效管理水平。主城区54条河道及郊区街镇48条河道被列入整治任务。

2016年以来,在习近平生态文明思想指引下,南京市委、市政府坚持新发展理念,举全市之力,聚全民之智,以前所未有的力度高效推进,依法、系统、精准治水,持续攻坚城市黑臭水体治理,取得明显成效。通过控源截污、内源治理、引流补水等综合治理措施,2017年底,完成150条城市黑臭水体整治,率先在全省实现了建成区基本消除黑臭水体目标。2018年,为巩固黑臭水体治理成效,启动了全域"稳定消黑、基本消劣"水环境提升三年行动计划,省高质量发展考核南京市城市黑臭水体整治累计完成率达100%。2019年完成91条劣Ⅴ类河道整治,2020年完成33条河道整治提升,至2020年底全市域基本消除劣Ⅴ类水体。

为进一步提升水环境,2021年南京市启动幸福河湖建设行动,南京市幸福河湖建设要紧紧围绕"建设以人民为中心的美丽古都""打造高品质生活的幸福宜居城市"等部署,深入践行"两争一前列"使命担当,牢固树立系统观念,坚持治修管联动、当前和长远兼顾,强化全局性谋划、整体性推进,更加注重综合治理、系统治理、源头治理,促进治水重心由治污攻坚向全面提升转变,治理标准由干净清澈向美丽生态转变,治理格局由短期阶段性向协调可持续转变。坚持以人为本、全域统筹、生态优先、系统治理、因地制宜原则,打造健康、生态、品质、安全、智慧的人与自然和谐共生的现代化美丽幸福河湖,让"山水城林"南京"水之清、水之秀、水之韵、水之宁"独特魅力更加彰显,进一步增强人民群众的获得感、幸福感和满意度,为"强富美高"新南京建设再上新台阶提供有力支撑。2021年建成17条幸福河湖,2022年计划再创建174条幸福河湖,至2023年底将建成300条幸福河湖,实现"河安湖晏、水清岸绿、鱼翔浅底、文昌人和"。

第二章

水环境治理的基本原理与方法

第一节 对水环境的理解

水是环境中最活跃的自然要素之一,水环境的形成是由于雨水、地表水、地下水、城市用水、农业用水等以河湖为中心的水的多种循环的存在。

《环境科学大辞典》中定义水环境为"地球上分布的各种水体以及与其密切相连的诸环境要素如河床、海岸、植被、土壤等。水环境主要由地表水环境和地下水环境两部分组成。地表水环境包括河流、湖泊、水库、海洋、池塘、沼泽、冰川等。地下水环境包括泉水、浅层地下水、深层地下水"。《水文基本术语和符号标准》(GB/T 50095—2014)中定义水环境为"围绕人群空间及可直接或间接影响人类生活和发展的水体,其正常功能的各种自然因素和有关的社会因素的总体"。因此,水环境是指自然界中由水量、水质、水能及水循环等要素组成的空间的总称。

水环境是自然界一切生命赖以生存的基本条件,水环境质量的优劣,对生态环境、大气环境、土壤环境及社会环境等都有直接和间接的影响。水是水环境的核心要素,河湖是水环境中较为重要的组成,也是城市环境重要一环,并在城市中起着综合功能的作用。河湖具有三大基本功能,即防洪、水资源利用及环境功能,其中,担负着重要作用的环境功能由其空间功能、生物功能和水环境功能这三个具有互补关系的功能组成。近些年来,一些国家,特别是发达国家,对于河湖的行政管理,逐步按照其基本功能,从单一的防洪管理向防洪、水资源利用和环境整治的综合性管理方向转变,从而河湖水环境的内涵也得到了拓展。一方面需要保证其安全性需求,即保持流量(水量)、净化水质(水质)、生态系统健康、资源能源有效利用;另一方面需要保证其舒适性需求,即水环境与周边总体环境的协调性,一般表现为视觉感观效果和人文载体效果等。因此,河湖水环境治理往往需要综合治理,不仅要满足水量、水质、生态等功能要求,也要提供富有情趣的水景观、挖掘呈现富有内涵的水文化。

第二节 水环境治理发展与政策

一、国外水环境治理发展与政策

20世纪,西方发达国家在经济快速发展的同时,出现了严重的水污染问题,水环境治理研究开始在各国兴起,可以说,各国水环境都经历了污染、治理、保护的历程。

美国与我国一样,是大川大河纵横交错的国度,在工业化、农业现代化、城镇化不断推进的过程中,水矛盾日益集中,水环境不断恶化。美国1948年颁布了《联邦水污染控制法》,1970年,时任总统尼克松签署《国家环境政策法》,同年,美国国家环保局诞生,1972年颁布了《联邦水污染控制法修正案》(即《清洁水法》),旨在解决水污染状况持续恶化的问题。20世纪70年代,水环境治理以区域为主,主要强调水的化学性质,要求水体满足水质标准,却忽视了水环境的生态功能,使得河湖功能未能得到有效恢复。20世纪80年代开始,美国逐渐认识到以流域为基本单元的水环境治理更加有效,并提出水资源的质量必须与其用途相联系,不仅要考虑化学指标,更要考虑生态指标、栖息地质量和生物多样性及完整性等。20世纪90年代后,美国开始了更为广泛的河流恢复活动,水环境治理摒弃经济高速发展时期所形成的人工改造河流的理念,开始尊重河流系统的自然规律,注重自然生态环境的恢复和保护。

欧洲在19世纪工业革命后,经济迅猛发展,人口急剧增加,到20世纪50年代,其大部分水体的纳污能力已经接近甚至超过极限,大部分国家开始水环境治理。20世纪60年代到80年代，以系统的污染源控制和治理为主，水环境治理多采用限排控污的措施，芬兰、法国、德国等国家开始颁布水法。20世纪80年代到90年代，以污染水体的生态修复为主，水环境治理更强调水生态系统的恢复，例如代表性鱼类的回归。2000年10月，欧盟通过了《水框架指令》(WFD)，对各国水环境治理起到了重要的指导作用。21世纪以来，欧洲以实现水体"良好状况"为目标，力求将污染的水体恢复至17世纪的水平，将河湖按照流域而不是行政界线进行治理，开展整体生态恢复改善水环境，并建立完整的流域管理计划。

澳大利亚是世界上最早出台环境保护法律的国家之一，境内流域上下游以及不同水用途之间存在着冲突、土地盐碱化、农田与湿地退化、河流健康状况恶化等水环境问题。澳大利亚20世纪60年代开始制定涉及最低流量(或水位)的相关政策。20世纪80年代，开始注重河流环境因素，如维多利亚《1989年水法》认可了环境因素，并且这一时期开始开展河流状况调查。20世纪90年代开始，河流修复成为澳大利亚河流管理的焦点之一。1992年，澳大利亚政府开展了国家河流健康计划，用于监测和评价河流的生态状况，评价现行水管理政策及实践的有效性，并为管理决策提供更全面的生态学及水文学数据。通过几十年的探索和变革，澳大利亚形成了政府、社区、企业、非政府组织和公众的多元水环境治理网络。多维网络治理模式对澳大利亚水环境治理的成功发挥了至关重要的作用。

"二战"后，日本经济快速发展，水环境污染事件频繁发生，工厂排出的污水给渔业和公众健康带来了影响，如水俣病事件。日本于1958年颁布了《水质保护法》和《工厂排水水质管理法》。20世纪70年代，日本开始关注水环境治理和保护，1970年颁布以达标排放为基础和核心的《水质污染防治法》，日本开始以法律为依托，以技术为支撑，从整体上对河湖进行治理，目标是使日本的河湖等水生态系统水质得到恢复，创造与自然环境相协调、保障生物多样性和水生生物生存与繁衍的空间。20世纪80年代，日本开始广泛研究"多自然型河流治理法"，强调采用生态工程的方法治理水环境，同时维护景观多样性和生物多样性。20世纪90年代初，日本开始实施"创造多自然型河川计划"，提倡在有条件的河段尽可能利用木桩、卵石等天然材料来修建生态型河堤，强调河流的生态修复。21世纪开始，日本进入流域尺度的生态保护与修复。

在国外水环境治理的过程中，水环境治理理念不断发展，水环境治理修复技术和体系也不断完善。在工业化时期,河湖的功能主要是防洪、排涝、渔业和运输等。随着工业化进程的加快,水环境污染问题频发,人们开始关注河湖的水质调节功能,这一时期水环境治理的侧重点是通过人工措施治理工业及生活污染,主要以保证安全性需求为主。随着认识的不断深化,理念的不断更新,人们对水环境治理的着眼点由简单的水文和物理系统转化为水文、生态环境、经济、社会和文化等的综合。人们意识到了水环境的多种功能,治理目标也开始着眼于生态修复、河流自然化并配以人文景观化,在保证安全性需求的基础上,尽量实现舒适性需求。

二、国内水环境治理发展与政策

我国水环境治理随着社会经济的发展以及对环境问题认知的逐步深入而不断变化。

第一阶段:起步阶段。1972年6月,联合国在斯德哥尔摩召开第一次人类环境会议,环境问题引起了我国高层决策者的重视。1973年8月,我国召开第一次全国环境保护会议,并提出"全面规划、合理布局、综合利用、化害为利、依靠群众、大家动手、保护环境、造福人民"的32字环境保护工作方针。1973年11月,国家计委、国家建委、卫生部联合批准颁布了我国第一个环境标准——《工业"三废"排放试行标准》,为开展"三废"治理和综合利用提供了依据。1979年9月,我国颁布了《中华人民共和国环境保护法(试行)》,由此,我国的环境保护工作走上了法制化的道路。1983年,第二次全国环境保护会议将环境保护确立为基本国策,同年颁布《地面水环境质量标准》。1984年,国务院印发了《国务院关于环境保护工作的决定》,环境保护开始纳入国民经济和社会发展计划,颁布《中华人民共和国水污染防治法》。1988年我国独立成立的国家环境保护局成为国务院直属机构,颁布《污水综合排放标准》,地方政府也陆续成立了环境保护机构。1989年,国务院提出要积极推行环境保护目标责任制度、城市环境综合整治定量考核制度、环境影响评价制度等8项环境管理制度。

第二阶段:治污阶段。随着生产力不断发展,城市规模不断扩大,城市河湖的社会服务功能不断加强,城市河道治理开展了裁弯取直、河道硬化/渠化等水利工程建设,强化了河道的行洪排涝功能,同时也造成了河道生态系统的毁灭性破坏,其自然功能逐步丧失。与此同时,先污染后治理、先开发后保护的行为,造成了河道淤积、水质恶化等问题,进而形成黑臭水体,严重影响市民生活,如淮河污染事故、松花江事故、太湖蓝藻暴发等,水环境治理迫在眉睫,这一阶段的水环境治理以治为主,治理目标或对象相对单一。1996年,国务院发布了《国务院关于环境保护若干问题的决定》,大力推进"一控双达标"(污染物排放总量控制、工业污染源排放的污染物达标、重点城市的环境质量按功能区达标)工作,全面开展"三河"(淮河、海河、辽河)及"三湖"(太湖、滇池、巢湖)水污染防治、"两控区"(酸雨控制区和二氧化硫污染控制区)大气污染防治、"一市"(北京市)及"一海"(渤海)的污染防治工作(简称"33211"工程)。2006年开始,我国启动水体污染控制与治理科技重大专项(简称"水专项"),设置了湖泊、河流、城市水环境、饮用水、流域监控、战略与政策六大主题。其目标是针对我国水环境污染严重的现状,选择不同地域、类型、污染成因和经济发展阶段分异特征的典型河流,创立符合不同水质和功能目标的河流修复和管理支撑技术体系,制定与我国不同区域经济水平和基本水质需求相适应的污染河流(段)水污染综合整治方案;重点突破一批点源、面源污染负荷削减关键技术和集成技术,污染河流(段)治理与生态修复的集成技术,以及河流污染预防、控制、治理与修复的技术系统;选择具有典型性和代表性的河流开展工程示范。随后,专门性法律和标准陆续颁布,环境保护的法律框架初步形成。

第三阶段:防治阶段。党的十八大将生态文明建设纳入中国特色社会主义事业总体布局,把生态文明建设放在突出地位,《中华人民共和国环境保护法》《中华人民共和国大气污染防治法》《中华人民共和国水污染防治法》《中华人民共和国环境保护税法》陆续修订修正实施,这一阶段,防治并重,注重考核,治理注重节约优先、保护优先、自然恢复。2011年提出实行最严格水资源管理制度,要加强水功能区限制纳污红线管理,严格控制入河湖排污总量。2015年4月《水污染防治行动计划》的颁布是我国水环境治理的里程碑,我国水环境治理开始从过去的污水治理、截污纳管等末端治理模式,延伸至源头治理、过程阻断以及末端治理全过程协同的新模式。2015年9月,住房和城乡建设部、环保部、水利部、农业部组织制定的《城市黑臭水体整治工作指南》发布,是国家层面首个包括排查、识别、整治、效果评估和考核在内的城市黑臭水体整治指导性文件。2016年12月,中共中央办公厅、国务院办公厅印发了《关于全面推行河长制的意见》,正式提出在全国范围内实施河长制。该意见的提出,为水环境系统治理、维护河湖健康、保障国家水安全提供了制度保障。

第四阶段：保护阶段。十九大提出"建设生态文明是中华民族永续发展的千年大计"，提出现代化是人与自然和谐共生的现代化，提出建设"美丽中国"四项任务：一是推进绿色发展；二是着力解决突出环境问题；三是加大生态系统保护力度；四是改革生态环境监管体制。"十四五"是我国由全面建成小康社会向基本实现社会主义现代化迈进的关键时期，是以"到二〇三五年，生态环境根本好转，美丽中国目标基本实现"为奋斗目标，全面贯彻落实习近平生态文明思想，深入践行"两山"理念，继续深化生态环境保护政策改革与创新，推进生态环境治理体系和能力现代化的新时期。长江经济带"共抓大保护、不搞大开发"、黄河流域"共同抓好大保护，协同推进大治理"被列为重大国家战略。生态环境部重点流域保护"十四五"规划编制工作提出水环境、水生态、水资源"三水"统筹以及"有河有水、有鱼有草、人水和谐"的发展目标。一系列重要政策提出了下一阶段水环境治理产业的新方向、新内容、新要求，开启了"十四五"时期水生态环境保护的新阶段。

综上所述，我国水环境治理的理念不断深化，治理技术不断发展，人们认识到水环境治理除了水质的改善，还应该尊重河流系统的自然规律，注重自然水环境的恢复和保护。我国未来的水环境治理与管理实践，应吸纳国外水环境治理的理念和技术，并结合我国已有的成果和经验，根据各地区自身的经济状况和区域特点，进行适应区域经济社会发展的水环境综合治理与提升。

表 2.2-1 相关政策汇总表

序号	发布时间	发布机关	相关政策
1	2015 年 4 月	国务院	《水污染防治行动计划》
2	2015 年 6 月	财政部、环保部	《水污染防治专项资金管理办法》
3	2015 年 8 月	住建部、环保部	《城市黑臭水体整治工作指南》
4	2015 年 10 月	国务院办公厅	《关于推进海绵城市建设的指导意见》
5	2016 年 4 月	水利部	《水生态文明城市建设评价导则》
6	2016 年 9 月	住建部	《城市黑臭水体整治——排水口、管道及检查井治理技术指南(试行)》
7	2016 年 10 月	财政部	《关于在公共服务领域深入推进政府和社会资本合作工作的通知》
8	2016 年 12 月	中共中央办公厅、国务院办公厅	《关于全面推行河长制的意见》
9	2016 年 12 月	国家发展改革委、住建部	《"十三五"全国城镇污水处理及再生利用设施建设规划》

续表

序号	发布时间	发布机关	相关政策
10	2017年1月	环保部、财政部	《全国农村环境综合整治"十三五"规划》
11	2017年10月	环保部、国家发展改革委、水利部	《重点流域水污染防治规划(2016—2020年)》
12	2017年10月	工信部	《关于加快推进环保装备制造业发展的指导意见》
13	2018年1月	中共中央办公厅、国务院办公厅	《关于在湖泊实施湖长制的指导意见》
14	2018年2月	中共中央办公厅、国务院办公厅	《农村人居环境整治三年行动方案》
15	2018年9月	住建部、生态环境部	《城市黑臭水体治理攻坚实施方案》
16	2018年11月	生态环境部、农业农村部	《农业农村污染治理攻坚战行动计划》
17	2018年12月	生态环境部	《国家水污染物排放标准制订技术导则》
18	2018年12月	住建部	《海绵城市建设评价标准》
19	2018年12月	生态环境部、国家发展改革委	《长江保护修复攻坚战行动计划》
20	2019年3月	生态环境部、自然资源部、住建部、水利部、农业农村部	《地下水污染防治实施方案》
21	2019年3月	生态环境部办公厅	《2019年环保设施和城市污水垃圾处理设施向公众开放工作实施方案》
22	2019年4月	住建部	《农村生活污水处理工程技术标准》
23	2019年4月	住建部、生态环境部、国家发展改革委	《城镇污水处理提质增效三年行动方案(2019—2021年)》
24	2019年6月	财政部	《城市管网及污水处理补助资金管理办法》
25	2019年6月	生态环境部	《污染地块地下水修复和风险管控技术导则》
26	2019年7月	中央农办、农业农村部、生态环境部、住建部、水利部、科技部、国家发展改革委、财政部、银保监会	《关于推进农村生活污水治理的指导意见》
27	2019年11月	生态环境部办公厅	《农村黑臭水体治理工作指南(试行)》
28	2019年11月	生态环境部办公厅、住建部办公厅	《水体污染控制与治理科技重大专项实施管理办法》
29	2020年1月	中共中央、国务院	《中共中央 国务院关于抓好"三农"领域重点工作确保如期实现全面小康的意见》
30	2020年3月	中共中央办公厅、国务院办公厅	《关于构建现代环境治理体系的指导意见》
31	2020年3月	生态环境部办公厅	《2020年环保设施和城市污水垃圾处理设施向公众开放工作实施方案》

续表

序号	发布时间	发布机关	相关政策
32	2020年4月	财政部、生态环境部、水利部、国家林草局	《支持引导黄河全流域建立横向生态补偿机制试点实施方案》
33	2020年5月	生态环境部	《流域水污染物排放标准制订技术导则》
34	2020年6月	水利部	《河湖健康评估技术导则》
35	2020年6月	国家发展改革委、自然资源部	《全国重要生态系统保护和修复重大工程总体规划(2021—2035年)》
36	2020年7月	国家发展改革委、住建部	《城镇生活污水处理设施补短板强弱项实施方案》
37	2020年8月	自然资源部办公厅、财政部办公厅、生态环境部办公厅	《山水林田湖草生态保护修复工程指南(试行)》
38	2021年1月	国务院	《排污许可管理条例》
39	2021年6月	财政部	《水污染防治资金管理办法》
40	2021年7月	水利部	《河湖生态环境需水计算规范》
41	2021年12月	生态环境部办公厅	《河湖生态缓冲带保护修复技术指南》

第三节　水环境治理基本思路

一、治理目标

水环境治理是一个复杂的过程,河湖水环境治理目标的确定应首先明确以下几点:

(1)应依据有关法律法规、标准规范、政策文件、流域及区域规划等,论证河湖需求与规模,明确河湖功能。河湖功能包括防洪排涝、供水、灌溉、航运、生态、景观等。

(2)通过河湖水安全、水生物、水生境、水空间等基本情况调查评估河湖现状,明确河湖健康面临的主要问题及主要影响因素。

(3)摸排河湖水管理现状及面临的形势,明确管理存在的问题及改善的方向。

（4）调研河湖水文化历史及现状，周边百姓对河湖的需求与愿景，明确需要保护的水文化资源和打造的滨水环境，尽可能传承和呈现水文化，还河于民。

在确定河湖功能的基础上，根据现状调查评估结果，制定出河湖水环境治理的近远期目标。如防洪标准、航道等级、水质标准、生态流量、生物丰富指数等，保障水安全、配置水资源、改善水环境、修复水生态、打造水景观、弘扬水文化、强化水管理，恢复"河通水畅，行洪安全，水清岸绿，生态健康，人水和谐，景美文昌"的河湖，实现水安、水活、水清、水韵、水美。

二、治理原则

（1）生态优先、和谐共生

水环境治理应尊重自然、顺应自然、保护自然，正确认识和把握流域以水为核心的生态特征，遵循自然生态规律和河湖演变规律，牢固树立"绿水青山就是金山银山"的理念，以生态本底和自然禀赋为基础，科学配置自然和人工保护修复措施，保护原河湖的自然弯曲，尽量维持原有浅滩、深槽、栖息地和生物群落等，避免造成污染转移等不利生态环境影响，妥善处理与生态保护红线的关系。

（2）统筹考虑、系统治理

山水林田湖草沙是生态共同体，水环境治理应按照生态系统的整体性、系统性及内在规律，统筹考虑自然生态各要素，统筹干支流、上下游、左右岸，统筹河湖水域岸线、水域陆域协同推进，统筹河湖治理与人居环境整治，统筹生活生产条件改善与促进社会发展，进行整体保护、系统修复、综合治理。

（3）问题导向、精准施策

按照"表象在水体，根源在陆域"的思路，深入分析水环境存在的主要问题及成因，找准河湖水环境的关键问题、源头问题，科学确定河湖水环境治理目标与任务、治理标准与措施。水环境治理要充分体现自然人文与经济社会状况，注重突出区域差异和地域特色，结合水资源条件、水生态状况、水文化传承和水景观特色，实施"一河（湖）一策"。

（4）落实责任、形成合力

发挥好政府的作用，加强统筹协调，整合资金，加大投入，调动各方积极性,并强化监督考核激励,建立上下联动、部门协作、高效有力的工作推进机制,培育社会公众的水环境保护观念,发挥社会公众的水环境保护与监督功能,形成全社会参与水环境治理的格局。

三、治理策略

(1) 坚持以规划为引领,理清河湖水环境治理的思路

实现河湖水环境治理的目标,规划是引领、是前提。针对当前突出的河湖问题,着眼城市长远发展需要,突出流域区域统筹和系统治理,全局谋划区域河湖水环境治理,加快编制完成相关规划。

(2) 坚持以厂网为重点,进一步打牢河湖水环境治理的基础

厂网是实现河湖水环境提升的核心,也是难度最大、时间最紧的重任。加快推进雨污分流工程,加快污水管网体系建设,加快污水处理厂扩容改造,加快推进农村污水处理设施建设,同时加快研究合流制污水主管网封闭运行问题,真正实现污水不下河,清水、污水各行其道。

(3) 坚持以生态为根本,进一步拓展河湖水环境治理的路径

加强水体生态健康系统性研究,围绕水体水质提升技术,从理论体系、关键问题、技术适用性评估、技术改进等方面开展研究与实践,进而形成适用于恢复水体生态健康的技术集成体系,为水环境治理取得应有的成效提供有力的保障和支撑。

(4) 坚持以幸福河湖为愿景,进一步挖掘河湖水环境治理的深度

坚持人水和谐,加强水文化挖掘,围绕百姓的需求,在保障水安全的基础上,打造宜居滨水景观,尽可能满足人民群众对美好生活的向往,为人民群众提供更多优质生态产品,增强人民群众幸福感、获得感,实现流域高质量发展。

(5) 坚持以制度为保证,进一步巩固河湖水环境治理的成效

三分建设,七分管理,"治"是阶段性的,"管"是长期性的。严格执法监督机制,严格落实河湖长制,建立智慧水务系统,注重市民参与机制建设,引导鼓励广大市民百姓参与到河湖整治与保护中来。

第四节　水环境治理常用技术分析方法

一、水环境质量评价方法

水环境质量评价是指根据所需要求与评价目的选择水体监测指标、水环境质量应符合的标准以及适用的评价方法，进而对水环境质量、水体的客观状态做出合理的评定，同时对水资源的利用方向和利用价值做出评估。在反映水体现状、水资源污染程度的同时，为水环境治理提供科学的数据支撑。

河湖地表水环境质量评价，是以地表水资源保护和管理为目标，根据地表水资源开发利用和保护要求，参考国家和有关用水部门制定的各类用水标准，对地表水水质状况进行的评价。

（一）评价指标

1. 水质评价指标

《地表水环境质量标准》(GB 3838—2002)表 1 中除水温、总氮、粪大肠菌群以外的 21 项指标。水温、总氮、粪大肠菌群作为参考指标单独评价(河流总氮除外)。

2. 营养状态评价指标

湖泊、水库营养状态评价指标为：叶绿素 a(chla)、总磷(TP)、总氮(TN)、透明度(SD)和高锰酸盐指数(COD_{Mn})共 5 项。

3. 黑臭水体评价指标

《城市黑臭水体整治工作指南》中城市黑臭水体污染程度分级的 4 个特征指标，包括透明度、溶解氧、氧化还原电位、氨氮。

表 2.4-1　城市黑臭水体污染程度分级标准表

特征指标/单位	轻度黑臭	重度黑臭
透明度/cm	25～10	<10
溶解氧/(mg/L)	0.2～2.0	<0.2

续表

特征指标/单位	轻度黑臭	重度黑臭
氧化还原电位/mV	−200～50	<−200
氨氮/(mg/L)	8.0～15	>15

注：水深不足 25 cm 时,该指标按照水深的 40%取值。

(二) 河流评价方法

1. 断面水质评价

河流断面水质类别评价采用单因子评价法,即根据评价时段内该断面参评的指标中类别最高的一项来确定。描述断面的水质类别时,描述断面的水质类别时,使用"符合"或"劣于"等词语。

表 2.4-2　断面水质定性评价

水质类别	水质状况	表征颜色	水质功能类别
Ⅰ—Ⅱ类水质	优	蓝色	饮用水水源地一级保护区、珍稀水生生物栖息地、鱼虾类产卵场、仔稚幼鱼的索饵场等
Ⅲ类水质	良好	绿色	饮用水水源地二级保护区、鱼虾类越冬场、洄游通道、水产养殖区、游泳区
Ⅳ类水质	轻度污染	黄色	一般工业用水和人体非直接接触的娱乐用水
Ⅴ类水质	中度污染	橙色	农业用水及一般景观用水
劣Ⅴ类水质	重度污染	红色	除调节局部气候外,使用功能较差

2. 河流、流域(水系)水质评价

当河流、流域(水系)的断面总数少于 5 个时,计算河流、流域(水系)所有断面各评价指标浓度算术平均值,然后按照断面水质评价方法评价。

当河流、流域(水系)的断面总数在 5 个(含 5 个)以上时,采用断面水质类别比例法,即根据评价河流、流域(水系)中各水质类别的断面数占河流、流域(水系)所有评价断面总数的百分比来评价其水质状况。河流、流域(水系)的断面总数在 5 个(含 5 个)以上时不作平均水质类别的评价。

表 2.4-3　断面水质定性评价

水质类别比例	水质状况	表征颜色
Ⅰ—Ⅲ类水质比例≥90%	优	蓝色
75%≤Ⅰ—Ⅲ类水质比例<90%	良好	绿色

续表

水质类别比例	水质状况	表征颜色
Ⅰ—Ⅲ类水质比例＜75%，且劣Ⅴ类比例＜20%	轻度污染	黄色
Ⅰ—Ⅲ类水质比例＜75%，且20%≤劣Ⅴ类比例＜40%	中度污染	橙色
Ⅰ—Ⅲ类水质比例＜60%，且劣Ⅴ类比例≥40%	重度污染	红色

3. 主要污染指标的确定

(1) 断面主要污染指标的确定方法

评价时段内，断面水质为"优"或"良好"时，不评价主要污染指标。

断面水质超过Ⅲ类标准时，先按照不同指标对应水质类别的优劣，选择水质类别最差的前三项指标作为主要污染指标。当不同指标对应的水质类别相同时计算超标倍数，将超标指标按其超标倍数大小排列，取超标倍数最大的前三项为主要污染指标。当氰化物或铅、铬等重金属超标时，优先作为主要污染指标。

确定了主要污染指标的同时，应在指标后标注该指标浓度超过目标水质标准的倍数，即超标倍数，如高锰酸盐指数(1.2)。对于水温、pH值和溶解氧等项目不计算超标倍数。

$$超标倍数 = \frac{某指标的浓度值 - 该指标的Ⅲ类水质标准}{该指标的目标水质标准}$$

(2) 河流、流域(水系)主要污染指标的确定方法

将水质超过Ⅲ类标准的指标按其断面超标率大小排列，一般取断面超标率最大的前三项为主要污染指标。对于断面数少于5个的河流、流域(水系)，按断面主要污染指标的确定方法确定每个断面的主要污染指标。

$$断面超标率 = \frac{某评价指标超过Ⅲ类标准的断面(点位)个数}{断面(点位)总数} \times 100\%$$

(三) 湖库评价方法

1. 水质评价

(1) 湖泊、水库单个点位的水质评价，按照河流断面水质评价方法评价。

(2) 当一个湖泊、水库有多个监测点位时，计算湖泊、水库多个点位各评价指标浓度算术平均值，然后按照河流断面水质评价方法评价。

(3) 湖泊、水库多次监测结果的水质评价，先按时间序列计算湖泊、水库各个点位各个评价指标浓度的算术平均值，再按空间序列计算湖泊、水库所有点

位各个评价指标浓度的算术平均值,然后按照河流断面水质评价方法评价。

(4) 对于大型湖泊、水库,亦可分不同的湖(库)区进行水质评价。

(5) 河流型水库按照河流水质评价方法进行。

2. 营养状态评价

(1) 评价方法

采用综合营养状态指数法$[(TLI(\sum))]$。

(2) 湖泊营养状态分级

采用 0~100 的一系列连续数字对湖泊(水库)营养状态进行分级:$TLI(\sum)<30$ 贫营养;$30 \leqslant TLI(\sum) \leqslant 50$ 中营养;$TLI(\sum)>50$ 富营养;$50<TLI(\sum) \leqslant 60$ 轻度富营养;$60<TLI(\sum) \leqslant 70$ 中度富营养;$TLI(\sum)>70$ 重度富营养。

(3) 综合营养状态指数计算

综合营养状态指数计算公式如下:

$$TLI(\sum) = \sum_{j=1}^{m} W_j \cdot TLI(j)$$

式中:$TLI(\sum)$——综合营养状态指数;

W_j——第 j 种参数的营养状态指数的相关权重;

$TLI(j)$——代表第 j 种参数的营养状态指数。

以 chla 作为基准参数,则第 j 种参数的归一化的相关权重计算公式为:

$$W_j = \frac{r_{ij}^2}{\sum_{j=1}^{m} r_{ij}^2}$$

式中:r_{ij}——第 j 种参数与基准参数 chla 的相关系数;

m——评价参数的个数。

表 2.4-4　中国湖泊(水库)部分参数与 chla 的相关关系 r_{ij} 及 r_{ij}^2 值

参数	chla	TP	TN	SD	COD$_{Mn}$
r_{ij}	1	0.84	0.82	−0.83	0.83
r_{ij}^2	1	0.705 6	0.672 4	0.688 9	0.688 9

(4) 各项目营养状态指数计算

$$TLI(\text{chla}) = 10(2.5 + 1.086\ln\text{chla})$$
$$TLI(TP) = 10(9.436 + 1.624\ln TP)$$
$$TLI(TN) = 10(5.453 + 1.694\ln TN)$$
$$TLI(SD) = 10(5.118 - 1.94\ln SD)$$
$$TLI(COD_{Mn}) = 10(0.109 + 2.661\ln COD_{Mn})$$

式中:chla 单位为 mg/m³,SD 单位为 m;其他指标单位均为 mg/L。

二、污染源调查与分析方法

污染源调查与分析是河湖水环境治理的基础之一,也是确保精准施策的关键内容。水环境污染是指人类活动排放的污染物进入水体,且污染物数量超过了水体的自净能力,从而改变了水体的物理、化学、生物性质,影响水的使用价值,造成水质恶化,破坏生态环境,甚至危害人体健康的现象。通过污染源调查与分析,全面、系统、真实地解析河湖汇水范围内污染源产生和排放现状,合理确定水环境治理与保护目标,明确"减什么""减多少""减哪里"的削减任务,为后期制定"怎么减""如何管"的水环境治理措施提供科学依据,对水环境治理目标的实现具有指导意义。

(一) 污染源类型及特征

污染源是指由人类活动的影响和参与引起水体污染的各种物质的来源。由于污染物具有不同的排放方式、物质属性及污染作用特点等,污染源分类方法有很多。按照污染成因可分为自然污染和人为污染。按照污染物属性可分为物理性污染、化学性污染和生物性污染。按照污染物空间分布方式可分为点源污染、面源污染和内源污染。按照产生污染物的行业性质可分为工业污染、农业污染、生活污染等。按照污染源排放特征可分为连续排放污染、间接排放污染、瞬时排放污染等。水环境治理常按照污染物空间分布方式和产生污染物的行业性质对污染源类型进行划分。

1. 点源污染

以点状形式进入水体的各种污染源,主要包括排放口直排污废水、合流制管道雨季溢流、分流制雨水管道初期雨水或旱流水、非常规水源补水等。一般又可以分为城镇生活污染、工业污染、集中式养殖污染等。

2. 面源污染

以非点源(分散源)形式进入水体的各种污染源,主要包括各类降水所携带的污染负荷、城乡结合部地区分散式畜禽水产养殖废水污染等,一般又分为农村生活污染、农业(农田、分散式养殖)面源污染、城镇地表径流污染等,通常具有明显的区域和季节性变化特征。

3. 内源污染

主要指进入水体中的营养物质通过各种物理、化学和生物作用,逐渐沉降至水体底质表层,当累积到一定量后再向水体释放的现象,主要包括水体底泥中所含有的污染物,以及水体中各种漂浮物、悬浮物、岸边垃圾、未清理的水生植物或水华藻类等所形成的腐败物。

各类污染源具有不同的特征。

1. 城镇生活污染:由于城市人口和每人每日用水量的不断增长,城市生活污水量也在不断增长。生活污水含氮、磷、硫较高,在厌氧细菌作用下,易产生恶臭物质,如硫化氢、粪臭素等。城镇生活污水成分一般比较固定,但污水中污染物浓度有地区差异。

2. 工业污染:与城镇生活污水相比,工业产生的废水量大,工业废水污染物成分复杂、差异大,浓度范围宽、波动大,处理目标多样、水质标准差别大,且不易净化。不达标的工业废水多以集中的方式排入水体,是最主要的点源污染。

3. 农村生活污染:随着我国新农村建设的不断发展,农村生活污水量也在不断增长。由于农村污水排放管网不完善,农村生活污水一般为粗放型排放,排放量小且分散。

4. 农业面源污染:农业面源污染主要包括化肥污染、农药污染、畜禽粪便污染、水产养殖污染等,不仅受降雨过程、时间、强度等影响,也受汇水面性质、地貌形状等影响,具有分散性、随机性、难监测性等特征。

5. 城镇地表径流污染:城镇地表径流污染主要指城镇地表如商业区、街道和停车场等地方聚集的一系列降雨径流污染物,如油类、盐分、氮、磷、有毒物质和城市垃圾等,这类污染受降雨影响,且存在地区差异。

6. 底泥内源污染:通常底泥中的污染物主要为氮磷营养盐、重金属、难降解有机物三类,其形成和河湖内生物代谢及生物遗体、大气沉降等有关,内源污染物的释放受水温、pH 值、溶解氧浓度、氧化还原电位、水体扰动等因素影响,对其控制相对较为困难。

(二) 污染源调查内容及方法

污染源调查应以行政区划为调查单元,调查内容及方法如下。

1. 点源污染

调查内容主要包括:①调查统计每个地块中生活、工业排污单位的排污量,主要排放污染物,处置情况,排放去向情况,排口位置等;②对直接排放入河的现状排污口的数量与具体位置、废水排放量、污水来源、主要污染物排放浓度等进行系统调查;③对旱季有污水排放的排口进行摸底排查,查明污染来源;④畜禽、水产养殖企业调查,包括企业规模、数量,废水和固废产生及排放情况等。

调查方法:主要通过资料收集与查阅、填表、现场调查、仪器探查、水质检测、流量调查、烟雾实验、染色实验、泵站运行配合等方式。

2. 面源污染

调查内容主要包括:①城镇地表径流污染调查主要根据用地性质、建设情况,调查各流域内下垫面类型、水文资料、降雨资料、城市初期雨水水质等内容;②农村生活污染调查主要调查村庄居住区面积、人口情况,生活垃圾种类、数量和处置方式,农村生活污水处置方式,村庄范围内工业污染及防治情况等;③农业污染调查主要调查农业种植结构、种植面积、土地利用状况,农药和化肥施用情况,分散式畜禽、水产养殖种类、养殖数量、清粪方式、排水方式、用水量等。

调查方法:主要通过资料收集与查阅、填表、问卷、现场调研等方式。

3. 内源污染

调查内容主要包括:①收集河湖历年水质监测数据,并根据工程要求,对重点区域水质进行验证检测,分析现状河道水质情况;②调查现状河道底泥有机污染物与重金属污染情况。

调查方法:主要通过现场人工调查、水质检测、流量监测、底泥采样分析等。

(三) 污染负荷计算及分析方法

1. 调查数据统计及合理性分析

污染源调查数据应以汇水范围为单位进行统计分析。根据代表性控制节点(水文站、水质考核断面、重要支流入河口等)、行政区界等因素可将研究流域按照汇水区范围细化分解形成多个子流域,整理统计子流域内污染源调查数据,并进行数据合理性分析。根据数据统计分析结果,初步建立各子流域环境数据库,为污染负荷计算及分析提供数据支撑。

污染源调查数据的合理性分析应包括以下几个方面:

(1) 区域基本概况资料:对行政区划、人口分布与密度、产业类型、经济指标、土地利用特征等资料,主要依据统计年鉴、土地利用图等公开发布的统计数据确定,从而保证数据的合理性及可靠性。有条件的地区可收集多年数据进行对比分析,也可根据现场调查数据验证其可靠性和合理性。

(2) 水文资料:对河湖的流量、流速、水位等进行代表性、一致性和可靠性分析,分析方法可参照《水利水电工程水文计算规范》(SL 278—2002)的规定执行。

(3) 水质资料:对水质监测断面、监测频次、时段、污染因子、水质状况等,应结合地区污染源及排污状况,进行代表性、可靠性和合理性分析;也可与收集到的历史资料进行对比分析。

(4) 入河排污口资料:根据入河排污口实测或调查资料,对入河排污口的废污水排放量、排放规律、污染物浓度等资料用类比法进行合理性分析。

(5) 陆域污染源资料:根据当地经济社会发展水平、产业结构、GDP、取水量、工农业用水量、生活用水量、废污水处理水平等资料,按照供、用、耗、排水的关系分析废污水排放量、污染物及其排放量等,分析其合理性。

(6) 河湖特征资料:对调查收集到的河湖断面、水下地形、比降等资料,可与采用不同方法获得的资料进行对比,分析其可靠性和合理性。

2. 污染负荷计算

(1) 污水处理厂污染物排放量及入河量

污水处理厂污染物排放量按照污水处理厂处理废水量,根据《城镇污水处理厂污染物排放标准》(GB 18918—2002)以及实际检测的排污口污染物排放浓度,确定污染物排放标准,进而推算污水处理厂污染物排放量。

污水处理厂污染物入河量 $W_{污水厂}$ 计算公式如下:

$$W_{污水厂} = W_{污水厂p} \times \beta_1 \qquad (2.4-1)$$

$W_{污水厂}$ 为污水处理厂污染物入河量;$W_{污水厂p}$ 为污水处理厂污染物排放量;β_1 为污水处理厂污染物入河系数(取值为 1.0)。

(2) 工业污染物排放量及入河量

工业污染源的排放量按照工业废水的排放量,根据《污水排入城镇下水道水质标准》(CJ 343—2010)等相关标准,确定污染物排放标准,进而推算工业污染物排放量。

工业污染物入河量$W_工$计算公式如下：

$$W_工 = (W_{工p} - \theta_1) \times \beta_2 \qquad (2.4\text{-}2)$$

$W_工$为工业污染物入河量；$W_{工p}$为工业污染物排放量；β_2为工业污染物入河系数（取值为 0.1～0.9）；θ_1为被污水处理厂处理掉的量。

（3）城镇生活污染物排放量及入河量

$$W_{生1p} = N_城 \times \alpha_1 \qquad (2.4\text{-}3)$$

$W_{生1p}$为城镇生活污染物排放量；$N_城$为城镇人口数；α_1为城镇生活排污系数。

$$W_{生1} = (W_{生1p} - \theta_2) \times \beta_3 \qquad (2.4\text{-}4)$$

$W_{生1}$为城镇生活污染物入河量；$W_{生1p}$为城镇生活污染物排放量；β_3为城镇生活入河系数（取值为 0.5～0.8）；θ_2为被污水处理厂处理掉的量。

（4）农村生活污染物排放量及入河量

$$W_{生2p} = N_农 \times \alpha_2 \qquad (2.4\text{-}5)$$

$W_{生2p}$为农村生活污染物排放量；$N_农$为农村人口数；α_2为农村生活排污系数。

$$W_{生2} = W_{生2p} \times \beta_4 \qquad (2.4\text{-}6)$$

$W_{生2}$为农村生活污染物入河量；$W_{生2p}$为农村生活污染物排放量；β_4为农村生活入河系数（取值为 0.2～0.5）。

（5）农田面源污染物排放量及入河量

$$W_{农p} = M \times \alpha_3 \qquad (2.4\text{-}7)$$

$W_{农p}$为农田污染物排放量；M为耕地面积；α_3为农田排污系数。

$$W_农 = W_{农p} \times \beta_5 \times \gamma_1 \qquad (2.4\text{-}8)$$

$W_农$为农田污染物入河量。$W_{农p}$为农田污染物排放量。β_5为农田入河系数（取值为 0.15～0.4）。γ_1为修正系数，农田化肥亩施用量在 25 kg 以下，修正系数取 0.8～1.0；农田化肥亩施用量在 25～35 kg 之间，修正系数取 1.0～1.2；在 35 kg 以上，修正系数取 1.2～1.5。

（6）水厂养殖污染物排放量及入河量

水厂养殖污染源排放量一般通过调研、监测获得。

第二章 水环境治理的基本原理与方法

$$W_{水产养殖入河量} = W_{水产养殖排放量} \times \beta_6 \quad (2.4\text{-}9)$$

其中：$W_{水产养殖入河量}$ 为水产养殖污染物入河量；$W_{水产养殖排放量}$ 为水产养殖污染物排放量；β_6 为水产养殖入河系数(取值范围为 0.80～0.85)。

(7) 畜禽养殖污染物排放量及入河量

$$W_{畜禽p} = \delta_1 \times T \times N_{畜禽} \times \alpha_4 + \delta_2 \times t \times N_{畜禽} \times \alpha_5 \quad (2.4\text{-}10)$$

其中：$W_{畜禽p}$ 为畜禽养殖污染物排放量；δ_1 为畜禽个体日产粪量；T 为饲养期；$N_{畜禽}$ 为饲养数；α_4 为畜禽粪中污染物平均含量；δ_2 为畜禽个体日产尿量；α_5 为畜禽尿中污染物平均含量。

$$W_{畜禽} = W_{畜禽p} \times \beta_7 \quad (2.4\text{-}11)$$

其中：$W_{畜禽}$ 为畜禽养殖污染物入河量；$W_{畜禽p}$ 为畜禽养殖污染物排放量；β_7 为畜禽养殖入河系数(取值为 0.1～0.5)。

(8) 城镇地表径流污染物排放量及入河量

$$W_{地表p} = F \times \alpha_6 \quad (2.4\text{-}12)$$

其中：$W_{地表p}$ 为城镇地表径流污染物排放量；F 为城市建成区面积；α_6 为城镇地表径流单位面积负荷系数。

$$W_{地表} = W_{地表p} \times \beta_8 \quad (2.4\text{-}13)$$

其中：$W_{地表}$ 为城镇地表径流污染物入河量；$W_{地表p}$ 为城镇地表径流污染物排放量；F 为城市建成区面积；β_8 为城镇地表径流入河系数(取值为 0.7～0.9)。

(9) 内源污染入河量

内源污染物入河量计算公式如下：

$$W_{内} = C \times T \times v \quad (2.4\text{-}14)$$

其中：$W_{内}$ 为内源污染物入河量(污染物的释放通量)；C 为污染底泥与水体的接触面积；T 为计算时段；v 为污染物的释放速率。

底泥中污染物的释放量与底泥污染物浓度、水温、水体酸碱性、底泥扰动程度、微生物数量和种群结构等因素有关，故底泥中污染物释放量通常通过实验确定。

(10) 污染物排放总量及入河总量

污染物排放总量及入河总量即为以上各项之和。

3. 污染负荷分析

污染负荷分析，包括污染负荷结构分析和污染成因诊断识别两方面。

污染负荷结构分析要根据污染负荷计算结果，统计分析不同类型污染源占比，各子流域、行政区划污染权重分析，污染源空间分布特征等。

污染成因诊断识别，可从以下方面识别和诊断污染成因：①从自然环境条件分析水资源与水环境承载力的客观限制；②从产业结构和空间布局分析水环境压力；③从污染源与水质现状分析污染负荷构成；④从治理措施分析治理力度与差距；⑤从水环境管理现状分析环境监督管理能力与差距。

三、水体纳污能力计算方法

根据《水域纳污能力计算规程》（GB/T 25173—2010），水域纳污能力是指在设计水文条件下，满足计算水域的水质目标要求时，该水域所能容纳的某种污染物的最大数量。

根据《中国大百科全书》，水环境容量也可称为水域的纳污能力，是指水体在规定的环境目标下所能容纳的污染物的最大负荷，其大小与水体特征、水质目标及污染物特性有关。通常以单位时间内水体所能承受的污染物总量表示。

水体纳污能力计算方法主要参考《水域纳污能力计算规程》（GB/T 25173—2010），计算步骤如下：

（1）根据水功能区划、国家及省市考核标准确定水体水质目标。

（2）根据规划和管理需求，分析水体污染特性、入河排污口状况，确定计算水体纳污能力的污染物种类。

（3）确定设计水文条件。计算河流纳污能力，应采用90%保证率最枯月平均流量或近10年最枯月平均流量作为设计流量。季节性河流、冰封河流，宜选取不为零的最小月平均流量作为样本。流向不定的水网地区和潮汐河段，宜采用90%保证率流速为零时的低水位相应水量作为设计水量。有水利工程控制的河段，可采用最小下泄流量或河道内生态基流作为设计流量。

（4）根据水体扩散特性，选择计算模型。根据《全国水环境容量核定技术指南》、《水域纳污能力计算规程》（GB/T 25173—2010）、《水功能区划分技术规范》（DB34/T 732—2007）等文件的相关规定，建议河道采用一维模型、湖库采用均匀混合模型计算水体纳污能力，有条件的地区可采用数值模拟软件提高计算速度和精度。数值模拟软件将有限体积法、有限单元法等离散方法和水质模型耦合,结合地形数据获取技术,从空间上更为全面和精细地描述污染物在水体中的输移和转化。

表 2.4-5　河流数学模型适用条件

模型分类		适用条件
模型空间分类	零维模型	水域基本均匀混合
	一维模型	沿程横断面均匀混合
	河网模型	多条河道互相联通、使得水流运动和污染物交换相互影响的河网地区
	平面二维模型	垂向均匀混合
	立面二维模型	垂向分层特征明显
	三维模型	垂向及平面分布差异明显
模型时间分类	稳态模型	水流恒定、排污稳定
	非稳态模型	水流不恒定或排污不稳定

表 2.4-6　湖库数学模型适用条件

模型分类		适用条件
模型空间分类	零维模型	水流交换作用较充分、污染物质分布基本均匀
	纵向一维模型	污染物在断面上均匀混合的河道型水库
	平面二维模型	浅水湖库,垂向分层不明显
	垂向一维模型	渗水湖库,水平分布差异不明显,存在垂向分层
	立面二维模型	深水湖库,横向分布差异不明显,存在垂向分层
	三维模型	垂向及平面分布差异明显
模型时间分类	稳态模型	流场恒定、源强稳定
	非稳态模型	流场不恒定或源强不稳定

表 2.4-7　代表性水环境综合模拟软件汇总表

软件名称	空间维数	开发/支持机构	适用范围	特点
EFDC	一、二、三维模型	美国环保局(EPA)	河流、湖泊、水库、河口、海湾	适用于多变量如蓝藻、绿藻、硅藻、大型藻类生长及衰减过程的同时模拟,以及对碳、氮、磷、硅等营养盐溶解态和颗粒态的精细模拟过程。可与 WASP 连用,可进行二次开发

续表

软件名称	空间维数	开发/支持机构	适用范围	特点
WASP	一、二、三维模型	美国环保局(EPA)	河流、水库、河口、海岸	适用于生态系统结构简单,特别是有毒物质影响显著的河湖系统
MIKE11	一维动态模型	丹麦水动力研究所	河道、河网	适用于从陡峭山区河流到感潮河口的各种垂向均匀质水流条件。能与GIS地理信息系统耦合使用
MIKE21	二维动态模型	丹麦水动力研究所	湖泊、水库、河口、海湾	适用于复杂条件下如潮汐、盐流、泥沙输移等水动力条件下的水质输移、富营养化过程模拟
CE-QUAL-RIVI	一维动态模型	美国陆军工程兵团	河流、分支河网	适用于模拟高速非恒定流和水质梯度变化较大的河流及分支河网
CE-QUAL-W2	二维动态模型	美国陆军工程兵团	湖泊、水库、河口	适用于具有横向平均、垂向分层的特征,水质梯度变化明显的水域
CE-QUAL-ICM	三维动态富营养化模型	美国陆军工程兵团	河流、水库	适用于在空间上具有横向均匀性的狭长水体富营养化过程的模拟
DELFT3D	二、三维模型	荷兰DELFT水力学研究所	河流、河口、海岸	适用于对曲折岸线拟合程度要求较高的水域。系统自带丰富的水质和生态过程库,可自行建立需要的模块,能够与GIS链接,能与MATLAB结合进行二次开发

(5) 确定水质目标浓度值 C_s 和初始断面的污染物浓度值 C_0。C_s 应根据水功能区的水质目标、水质状况、排污状况和当地技术经济等条件确定。C_0 应根据上一个水功能区的水质目标浓度值确定。

(6) 确定模型参数。综合衰减系数可采用分析借用、实测法、经验公式法等方法确定;横向扩散系数可采用现场示踪实验估值法、经验公式估算法等方法确定;纵向离散系数可采用水力因素法、经验公式估值法等方法确定。

(7) 计算水体纳污能力。根据《水域纳污能力计算规程》(GB/T 25173—2010)附录 A 计算水体纳污能力。

(8) 合理性分析和检验。主要包括资料的合理性分析、计算条件简化和假定的合理性分析、模型选择与参数确定的合理性分析与检验、纳污能力计算成果的合理性分析与检验。

四、污染源削减分配方案制定

根据污染物入河量及水环境容量计算结果，确定污染负荷削减量。结合污染结构及权重分析，考虑现状排污格局、污染源可控性和经济技术可行性等因素，将主要污染物的污染负荷削减量逐一分配至各级行政区和排污单位，因地制宜地制定污染物控制措施，为水环境治理目标的实现提供科学指导依据。

一般以流域、片区为整体，从水环境容量的存量与增量、水环境污染的存量与增量等角度进行时空协调分析，合理制定污染源削减与控制的整体方案。明确在哪里减少与控制污染量、在哪里提升环境容量，怎么减、怎么控和怎么提升，要有相应的定性与定量分析，使得容量、存量和增量三者在目标指引下实现平衡，为制定增、减、控等措施提供技术选择依据。

五、河湖健康评价方法

河湖健康评价起源于欧洲的污水生物耐受性研究（1890年前后），河湖健康评价的概念从1970年以后才逐步作为生态环境管理的一种手段。我国的河湖健康评价研究开始于1980年。2011年中央一号文件和中央水利工作会议提出要力争通过5年到10年的努力，基本建成水资源保护和河湖健康保障体系，主要江河湖泊水功能区水质明显改善，继续推进生态脆弱河流和地区水生态的修复，加快污染严重的河流湖泊水环境的治理。统筹规划，着力推进水资源保护和水生态修复。坚持保护优先和自然恢复为主，维护河湖健康。同年，水利部抓紧落实"三条红线"，启动全国重要河湖健康评价。

根据《河流健康评估指标、方法与标准（试点工作用）》，河湖健康是指河湖自然生态状况良好，同时具有可持续的社会服务功能。自然生态状况包括河湖的物理、化学和生态三个方面，用完整性来表述其良好状况；可持续的社会服务功能是指河湖不仅具有良好的自然生态状况，而且具有可以持续为人类社会提供服务的能力。

河湖健康评价工作是一项极其重要和紧迫的工作，通过河湖健康评价，可以诊断河湖健康，评估河湖状态，确定河湖生态修复目标，评估河湖恢复进程，为改善河湖水环境，加强河湖管理，维护河湖健康生命，保障水资源可持续发展提供科学依据。

目前河湖健康评价方法较多，如《河湖健康评价指南（试行）》、《河湖健康评估技术导则》、《流域生态健康评估技术指南（试行）》（环办函〔2013〕320号）、《生态河湖状况评价规范》（DB32/T 3674—2019）等均建立了较为完善的评价体系和评价方法。本书仅以《河湖健康评价指南（试行）》为例，介绍河流健康评价的基本方法。

（一）基本原则

1. 科学性原则：评价指标设置合理，体现普适性与区域差异性，评价方法、程序正确，基础数据来源客观、真实，评价结果准确反映河湖健康状况。

2. 实用性原则：评价指标体系符合我国的国情水情与河湖管理实际，评价成果能够帮助公众了解河湖真实健康状况，有效服务于河长制、湖长制工作，为各级河长湖长及相关主管部门履行河湖管理保护职责提供参考。

3. 可操作性原则：评价所需基础数据应易获取、可监测。评价指标体系具有开放性，既可以对河湖健康进行综合评价，也可以对河湖评价指标进行单项评价；除必选指标外，各地可结合实际选择备选指标或自选指标。

（二）主要内容及方法

河湖健康评价主要涉及以下几方面内容：

1. 评价指标体系构建

河湖健康评价指标体系的构建是河湖健康评价的基础，在很大程度上决定了评价的可行性和结果的适宜性。河湖健康评价指标体系必须要真实客观、完整准确地反映河湖的健康状况，从而为河湖健康评价提供依据。

《河湖健康评价指南（试行）》中，河流评价指标体系见表2.4-8。评价体系涉及河流"盆"、"水"、生物、社会服务功能四个方面。

其中，必选指标7项，分别是岸线自然状况、违规开发利用水域岸线程度、生态流量/水位满足程度、水质优劣程度、水体自净能力、鱼类保有指数、公众满意度。备选指标12项，可结合河流实际情况选取。

表2.4-8 河流评价指标体系表

目标层	准则层		指标层	指标类型
河流健康	"盆"		河流纵向连通指数	备选指标
			岸线自然状况	必选指标
			河岸带宽度指数	备选指标
			违规开发利用水域岸线程度	必选指标
	"水"	水量	生态流量/水位满足程度	必选指标
			流量过程变异程度	备选指标
		水质	水质优劣程度	必选指标
			底泥污染状况	备选指标
			水体自净能力	必选指标
	生物		大型底栖无脊椎动物生物完整性指数	备选指标
			鱼类保有指数	必选指标
			水鸟状况	备选指标
			水生植物群落状况	备选指标
	社会服务功能		防洪达标率	备选指标
			供水水量保证程度	备选指标
			河流集中式饮用水水源地水质达标率	备选指标
			岸线利用管理指数	备选指标
			通航保证率	备选指标
			公众满意度	必选指标

2. 评价标准确定

《河湖健康评价指南(试行)》中,评价标准如下:

(1) 单项指标评价标准

按照各项指标评价标准进行评价。

(2) 综合评价标准

河湖健康分为五类:一类河湖(非常健康)、二类河湖(健康)、三类河湖(亚健康)、四类河湖(不健康)、五类河湖(劣态)。

河湖健康分类根据评价指标综合赋分确定,采用百分制,河湖健康分类、状态、赋分范围、颜色和RGB色值说明见表2.4-9。

评定为一类河湖,说明河湖在形态结构完整性、水生态完整性与抗扰动弹性、生物多样性、社会服务功能可持续性等方面都保持非常健康状态。

表 2.4-9　河湖健康评价分类表

分类	状态	赋分范围	颜色	RGB 色值
一类河湖	非常健康	90≤RHI≤100	蓝	0,180,255
二类河湖	健康	75≤RHI<90	绿	150,200,80
三类河湖	亚健康	60≤RHI<75	黄	255,255,0
四类河湖	不健康	40≤RHI<60	橙	255,165,0
五类河湖	劣态	RHI<40	红	255,0,0

评定为二类河湖,说明河湖在形态结构完整性、水生态完整性与抗扰动弹性、生物多样性、社会服务功能可持续性等方面保持健康状态,但在某些方面还存在一定缺陷,应当加强日常管护,持续对河湖健康提档升级。

评定为三类河湖,说明河湖在形态结构完整性、水生态完整性与抗扰动弹性、生物多样性、社会服务功能可持续性等方面存在缺陷,处于亚健康状态,应当加强日常维护和监管力度,及时对局部缺陷进行治理修复,消除影响健康的隐患。

评定为四类河湖,说明河湖在形态结构完整性、水生态完整性与抗扰动弹性、生物多样性等方面存在明显缺陷,处于不健康状态,社会服务功能难以发挥,应当采取综合措施对河湖进行治理修复,改善河湖面貌,提升河湖水环境水生态。

评定为五类河湖,说明河湖在形态结构完整性、水生态完整性与抗扰动弹性、生物多样性等方面存在非常严重问题,处于劣性状态,社会服务功能丧失,必须采取根本性措施,重塑河湖形态和生境。

3. 评价方法确定

单项指标按照其定义的公式进行评价。综合指标评价,按照目标层、准则层及指标层逐层加权的方法,计算得到河湖健康最终评价结果,计算公式如下。

$$RHI_i = \sum_{}^{m} \left[YMB_{mw} \times \sum_{}^{n} (ZB_{nw} \times ZB_{nr}) \right] \quad (2.4\text{-}15)$$

式中:RHI_i——第 i 评价河段健康综合赋分;

ZB_{nw}——指标层第 n 个指标的权重(具体值按照专家咨询或当地标准来定);

ZB_{nr}——指标层第 n 个指标的赋分;

YMB_{mw}——准则层第 m 个准则层的权重。

评价指标赋分权重可根据实际情况确定,必选指标的权重应高于备选指标的权重。

4. 河湖健康调查监测与分析

1) 调查监测范围:河岸带宽度为临水边界线至外缘边界线之间的区域。河流健康评价范围横向分区应包括河道水面及左右河岸带。

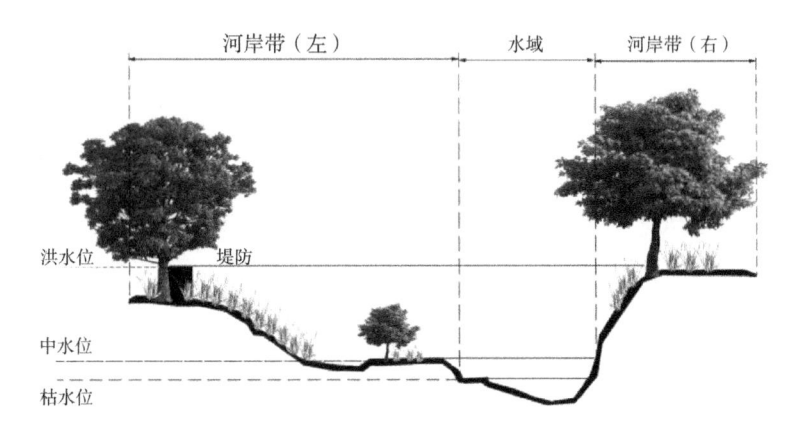

图 2.4-1 河流横向分区示意图

2) 调查监测点位:河流评价单元的长度大于 50 km 的,宜划分为多个评价河段;长度低于 50 km、且河流上下游差异性不明显的河流(段),可只设置 1 个评价河段。

3) 调查监测内容与方法

调查内容包括:河流纵向连通指数、岸线自然状况、违规开发利用水域岸线程度、生态流量/水位满足程度、水鸟状况、防洪达标率、供水水量保证程度、河流集中式饮用水水源地水质达标率、公众满意度等。调查方案如下:

(1) 野外调查:包括现场踏勘、测量、无人机航拍等形式开展调查。

(2) 现场搜集:设计人员根据自己的需要和条件,到现场(会议、展览、单位等)通过索取、交谈、抄写等方式搜集文字材料、照片、实物等。现场搜集的情报资料在数量上有上限,但其搜集的速度快、质量高,可及时获取一些第一手的、重要的、新颖的、非公开的情报资料,而这些情报资料采用其他方法不容易得到。

表 2.4-10　河流健康评价指标取样调查范围或取样监测位置表

目标层	准则层		指标层	调查范围或取样监测位置
河流健康	"盆"		河流纵向连通指数	河流水域沿程
			岸线自然状况	河流河岸带
			河岸带宽度指数	河流河岸带
			违规开发利用水域岸线程度	河段水域与河岸带
	"水"	水量	生态流量/水位满足程度	河段水域监测点位
			流量过程变异程度	河流所在流域
		水质	水质优劣程度	河段水域监测点位
			底泥污染状况	河段水域监测点位
			水体自净能力	河段水域监测点位
	生物		大型底栖无脊椎动物生物完整性指数	监测断面水生生物取样区
			鱼类保有指数	河段水域/河流
			水鸟状况	河段水域及河岸带
			水生植物群落状况	河段水域/河流
	社会服务功能		防洪达标率	河流堤防
			供水水量保证程度	河流水域
			河流集中式饮用水水源地水质达标率	河流水域
			岸线利用管理指数	河流河岸带
			通航保证率	河流水域
			公众满意度	河流周边社会公众

(3) 文献搜索:通过文献收集分析,得到所需资料。包括以下几种途径:①阅览。在图书馆情报机构内浏览或精读书刊,既是搜集文献最普通的方法,又是获取情报量最多、较直接的一种途径,同时也是其他收集方法的基础和前提。②借用。指从图书情报机构或相关部门处借用所需资料。必要时,还要运用声像资料。③购买。购买相关需要的资料。

(4) 发放问卷、问询:公众满意度通过问卷调查的形式开展调查;通过查询当地渔政部门、林业部门的相关资料,结合走访询问周边居民、河流管理人员以及周边的钓鱼爱好者、摄影爱好者等,收集河流鱼类、鸟类的历史数据及现状数据。

监测内容包括:水质优劣程度、水体自净能力、大型底栖无脊椎动物生物完整性指数、鱼类保有指数等指标。监测方案如下:

1) 水质专项监测方案:现场采样分析依据《地表水环境质量标准》

(GB 3838—2002)中规定的基本项目,以及《河湖健康评估技术导则》(SL/T 793—2020)、《水环境监测规范》(SL 219—2013)等相关标准与规范,现场使用多参数水质监测仪,测定水体表层水温、pH值、电导率、溶解氧等指标。同时采集水样,冷藏避光保存,带回实验室监测分析。水样采集与监测过程质量控制按照《地表水环境质量标准》(GB 3838—2002)、《水环境监测规范》(SL 219—2013)等有关要求执行。

2) 底栖动物专项监测方案:采用现场采集生物样品分析的方式开展,调查方法依据《生物多样性观测技术导则 淡水底栖大型无脊椎动物》(HJ 710.8—2014)。

3) 鱼类专项监测方案:采用现场调查及访问的方式开展,调查方法依据《生物多样性观测技术导则 内陆水域鱼类》(HJ 710.7—2014)。

5. 河湖健康评价

按照规定的评价方法与标准,逐一说明各指标的计算过程与赋分结果,进而评价河湖"盆"、"水"、生物、社会服务功能综合指标,形成健康状况及准则层赋分结果,最终给出河湖健康状况赋分,给出河湖健康综合评价结论。

6. 河湖健康问题分析与保护对策

根据各指标、准则层及综合赋分情况,说明河湖健康整体特征、不健康的主要表征;开展定期评价的河湖,结合前期评价结果,说明变化趋势;分析河湖不健康的主要压力,给出持续改进意见,给出河湖健康保护及修复目标建议方案。

六、水文计算分析方法

在水环境治理中,水文计算分析往往被忽视。水文计算分析即对涉水工程进行水文计算分析,研究河湖防洪排涝、水资源、水环境、水生态、水景观的水文规律,为涉水工程提供基础性技术支撑。

(一)基本原则

1. 水文计算分析应深入调查研究,搜集、整理、复核基本资料和有关信息,并分析水文特征及人类活动对水文要素的影响。

2. 水文计算分析必须重视基本资料,工程地址和邻近河段缺乏实测水文资料时,应根据设计要求,设立水文测站或增加测验项目。

3. 水文计算分析依据的资料系列应具有可靠性、一致性和代表性。

4. 水文计算方法应科学、实用,对计算成果进行多方面分析,检查论证其合理性。水文资料短缺地区的水文计算,应采用多种方法,对计算成果应综合分析,合理选定。

(二)主要内容及方法

1. 基础资料搜集整理

根据水环境治理需要,应搜集整理河湖的下列基础资料,并对以下资料进行复核评价后使用。

(1)流域的地理位置、地形、地貌、地质、土壤、植被、气候等自然地理资料。

(2)流域的面积、形状、水系,河流的长度、比降,河流的河道形态和纵、横断面等特征资料。

(3)降雨、蒸发、气温、湿度、风向、风速、日照时数、地温、雾、雷电、霜期、冰期、积雪深度、冻土深度等气象资料。

(4)水文站网分布,设计依据站和主要参证站实测的水位、潮水位、流量、水温、洪水、枯水、潮水位调查考证等资料。

(5)设计依据站和主要参证站的悬移质含沙量、输沙率、颗粒级配、矿物组成,推移质输沙量、颗粒级配等泥沙资料,设计断面或河段床沙的组成、级配及泥石流、滑坡、塌岸等资料。

(6)流域已建和在建的蓄、引、提水工程,堤防、分洪、蓄滞洪工程,水土保持工程及决口、溃坝等资料。

(7)流域综合规划、水资源综合规划、防洪规划等相关规划,以及流域供水、用水、耗水和退水等资料。

(8)流域及邻近地区的水文分析计算和研究成果。

2. 计算分析及成果编制

(1)流域概况:简述河湖所在流域自然地理概况、流域和河流特征、水土保持情况。河湖已建和在建的水利水电工程位置以及各工程的主要任务。

(2)气象:简述流域和河湖邻近地区气象台、站分布与观测情况。分析流域及河湖所在地区的气象要素特征值。

(3)水文基本资料:说明设计流域内水文测站分布情况,设计依据站和参证站的流域特征值。简述设计依据站、参证站的水文测验和资料整编等情况。

(4)防洪、排涝标准的确定:依据《防洪标准》《城市防洪规范规划》《中小河流治理规划》等流域相关防洪规划,结合流域特性及区域安全要求,确定河湖防洪及排涝标准。

（5）设计洪水及排涝计算：分析流域暴雨特性、洪水特性，并对设计洪水、设计涝水等进行分析计算和复核，可采用设计暴雨推求设计洪水等方法。

设计洪水计算应考虑规划条件下的水情变化和流域实际，提出设计流域主要河段控制断面、节点的设计洪水成果，包括洪峰流量、时段洪量、设计洪水流量过程线、洪水位过程线、设计洪水水面线、设计洪水地区组成或上游总入流等。并分析河湖现状防洪达标情况。

区域设计排涝流量计算成果应与实测调查资料和相似地区计算成果进行比较分析，检验合理性，并分析河湖现状排涝能力。

第五节　水环境治理主要措施要点

水环境治理是一个复杂的过程，是一项系统的工程。遵循水环境治理目标、原则与策略，通过水环境质量评价、污染源调查与分析、河湖健康评价等现状调查与分析，在找准存在问题的基础上，采用适宜的治理措施显得尤为关键。

结合多年工程实践，针对河湖蓝线范围内区域，水环境治理措施体系主要包括水安全、水环境、水生态、水景观、水管理五个方面。

一、水安全

根据防洪排涝规划要求和现状存在的问题，系统考虑防洪排涝安全。采用河湖堤岸建设、河湖清淤、阻水建（构）筑物拆除与改造、安全管护设施建设等综合措施，实施河湖防洪排涝达标建设。

不同于传统的仅考虑高程是否达标来确定工程措施，而应从安全、生态和综合功能等方面综合考虑，在满足安全的前提下，尽量体现生态性。如堤岸的平断面形式不应过度渠化硬化，堤岸空间的利用应结合沿线交通、文化、景观、休闲等需求综合设计；堰坝工程应从稳定河势、灌溉引水、改善生态等方面充分论证建设的必要性，其型式应与河床自然融合，并适当增强景观效果；建筑材料的选取尽量就地取材，利用天然材料等。

二、水环境

在进行河湖汇水范围污染源全面调查分析的基础上,合理开展水污染防治。河湖汇水范围内污染源主要有点源、面源、内源三类。其中点源主要为城镇生活污水,面源主要为城镇地表径流,内源主要为底泥释放。

针对点源污染,全面排查入河排口,分类制定封堵、截流、调蓄、防倒灌等综合措施,一口一策。

针对面源污染,融入"渗、蓄、滞、净、用、排"的低影响开发设计理念,在河湖岸坡设置如植草沟、生态滤床、透水铺装、透水石笼、雨水花园等有组织排水,采用乔木、灌木、地被植物等陆生植物构建河岸带的植被缓冲带,建设生态岸坡,加强雨洪资源管理,使面源污染在进入河湖前得到消减。

针对内源,应进行淤泥的勘察、测量和检测,科学分析河湖底泥淤积数量和质量,结合现场的实地环境及施工条件,合理确定清淤方式和清淤规模,以无害化、减量化、资源化为原则处置淤泥,清除河湖内源污染。

三、水生态

加强对河湖常年水质变化、常年水量情况、空间形态、植物与水生动物种类及生存繁衍环境等情况进行调查,在此基础上有针对性开展河湖水生态修复。

保证河湖生态性水量,加强水系有效连通,通过构建水文水质模型等优化补水水源及补水路径,引补水水源水质应优于引入水体,引补水应以活水而非换水为原则,形成科学高效的生态补水体系。

在保证安全的前提下,可通过河湖平面形态改造、断面形态优化构建生态型河床,修复成蜿蜒性面貌,构建深槽浅滩,形成多种水力条件,创造适宜的多样生境,为河湖生态的生物多样性提供条件。对于轻污染的水体(控源截污基本到位),可根据水体水深与流速,考虑种植适宜的水生植物、投加水生动物等生态系统集成技术,植物措施要在充分调查分析行洪影响、洪水冲刷浸没情况等基础上合理配置,不应影响行洪安全;对于重污染的水体(控源截污未到位),污染治理是选择其他技术类型的基础与前提,同时可考虑人工水草、人工增氧等处理手段。因地制宜选择生态修复技术,恢复与重建河道良性生态系统,维护河湖健康生命,提高水体自净能力。

四、水景观

充分梳理河湖沿线自然、人文、产业等要素,分析问题与社会服务需求,在水安全、水环境、水生态治理基本到位的基础上,进一步提升滨水景观。

在保障生态功能性的基础上,根据所在地的气候特征及施工区的地理条件,通过植物配置,优先选择具有生态功能的本地物种,营造不同的植物景观风貌,应注意四季色彩变化,打造不同植物主题,达到"功能保障+景观"的综合效果。

结合河湖巡查管护要求与滨水居民生产生活需求,建设亲水便民设施建设,包括合理布设滨水滨岸慢行道、合理建设滨水滨岸小公园、合理布置亲水便民配套设施等,为市民提供亲水的休憩空间。

同时,要深入挖掘河湖文化内涵,包括古河湖工程、治水人、治水事,当代现代河湖特色工程、治水事迹、河流腹地的流域人文、特色创新类文化等,将河湖文化建设与滨水景观提升相融合,通过景观的表达手法,体现河湖的内在美。

五、水管理

河湖水环境治理成果需要长效管护来保障。

深化河湖管理保护机制,明确职责分工,落实好河湖管理维护各项制度。推进监测、监控、管护标识牌、管护用房等设施建设,监测、监控设施尽量自动采集、长期自记、自动传输、统一汇聚共享。强化过程管理,河湖建设的全过程应明确河湖特色定位和目标任务,做到方案设计系统科学、合理可行,施工过程安全可靠、质量达标。加强河湖日常养护与监管,强化检查考核,对新发现问题及时进行整改。

河湖建设在一定程度上满足了公众对居住品质的需求,同时,公众的行为在一定程度上也影响着河湖建设的质量,加强宣传力度,充分发挥报纸、电视、电台、网络等各类媒体的宣传引导作用,开展广泛宣传,引导公众积极关注、支持、参与河湖管理与保护,形成"河湖服务于人,人应保护河湖"的社会共识。

第三章

河道水环境治理典型案例

本章选用南京市南河、珍珠河、外秦淮河(七里街段)为例,介绍河道水环境治理典型案例。

第一节　南河

一、河道概况

南京市南河位于南京主城西南,属于秦淮河流域,南接莲花闸,北连赛虹桥,全长 9.3 km,河道上口宽 30~60 m,河底高程 5.80~4.20 m,水深 1.4~2.4 m,水域面积 0.20 km^2。南河是建邺区和雨花台区的一条界河,其两岸是快速建设发展的河西新城和南部新城。

河道堤防总长 18.8 km。左岸堤长约 9.6 km,为堤防加挡浪墙,堤顶高程为 10.20~11.74 m,墙顶高程为 11.55~12.79 m。右岸堤长约 9.2 km,其中,莲花闸—平良大街段堤顶宽度 4 m,堤顶高程 11.61 m;平良大街—梦都大街为以路代堤段,地面高程为 9.68~11.63 m;梦都大街—赛虹桥段为堤防加防洪墙,堤顶高程为 9.85~11.22 m,墙顶高程为 12.45~12.73 m。

河道左岸以草皮护坡型式为主,右岸多为直立挡墙,左岸堤后为圩区,地面高程多在 6.5~8.5 m 之间,右岸堤后多为山丘区,堤后地面高程多在 9.5 m 以上。河道沿线穿堤泵站 11 座,排涝规模为 68.85 m^3/s,跨河桥梁 14 座,水闸 3 座,引水泵站 1 座。

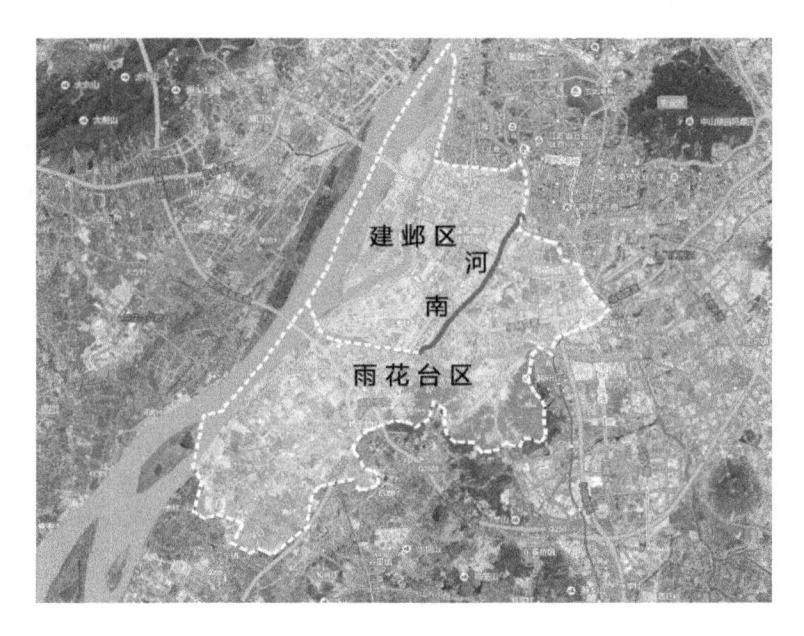

图 3.1-1　南河区位图

南河连通秦淮新河和外秦淮河,通过莲花闸和南河引水泵站(5 m³/s)从秦淮新河引水,南河是新城防洪圈的重要河道,是长江—秦淮新河—南河—外秦淮河引调水体系的重要组成部分,也是河西新城和南部新城交界区域生态环境、景观文化的重要载体。

图 3.1-2 整治前河道现场

二、调查分析

1. 水环境质量评价

南河水功能区 2020 年水质目标为地表水环境质量Ⅳ类标准。收集了河道及其周边关联水系水质固定监测断面，包括长江板桥汽渡右断面、长江城南水厂断面、秦淮新河闸断面、秦淮新河西善桥断面、秦淮新河将军大道桥断面、外秦淮河凤台桥断面、南河莲花闸断面共 7 个断面连续一年水质数据，并根据工程需求，对南河干流、沿岸排口、各雨水泵站前池及上游秦淮新河相关断面进行水质取样检测。依据《地表水环境质量标准》(GB 3838—2002)及环保部办公厅 2011 年 3 月发布的《地表水环境质量评价办法(试行)》，采用单因子评价方法对河道水体进行评价。经分析，整治前，南河水质为劣Ⅴ类，主要超标项目为氨氮(超标 4 倍)，其中河西大街桥上—梦都大街桥下、南河闸下—赛虹桥上两段河道水质极差。与南河连通的 2 条河道，秦淮新河西善桥以下断面现状水质优于Ⅴ类，西善桥以上断面水质为劣Ⅴ类，外秦淮河水质为劣Ⅴ类。

第三章　河道水环境治理典型案例

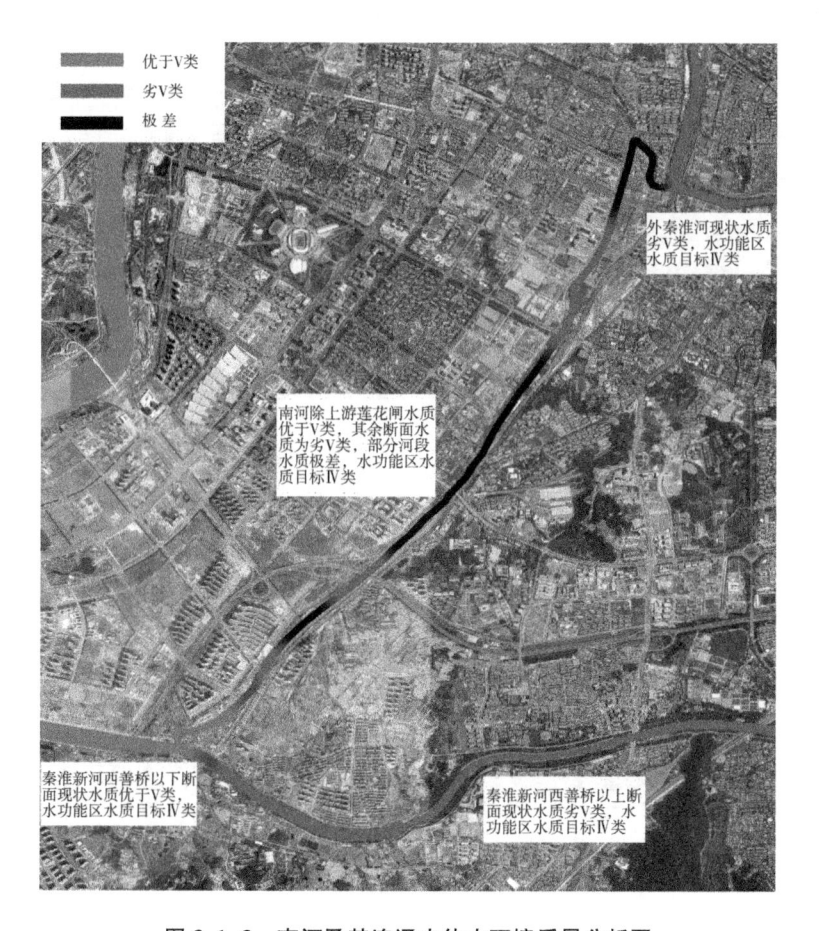

图 3.1-3　南河及其连通水体水环境质量分析图

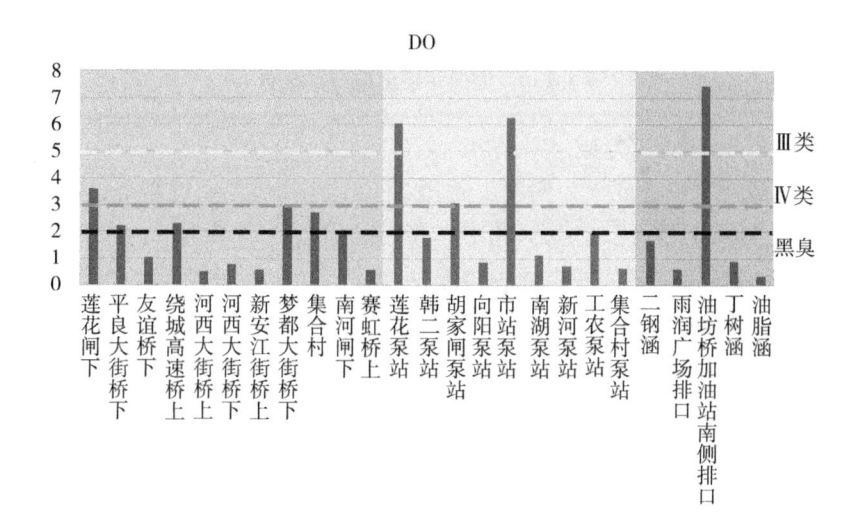

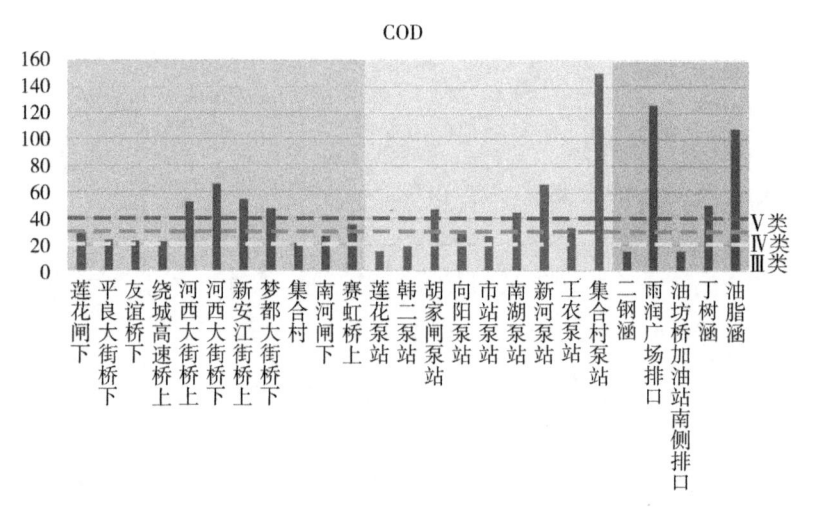

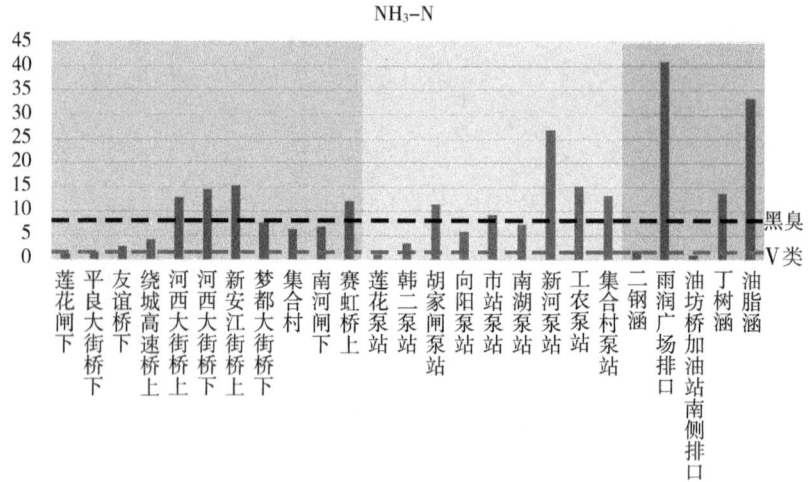

图 3.1-4 南河各断面检测指标图

2. 污染源调查与分析

南河污染源调查范围为南河汇水范围 27.84 km²。经过调查，南河污染源主要有点源、面源、内源三类，其中点源污染主要为城镇生活污水和工业企业废水；面源污染主要为城市地表径流；内源污染主要为底泥释放污染。

(1) 点源污染

根据现场实地调查及沿线测量图复核，南河左右两岸现状排口分为雨水排涝泵站出口、大尺寸涵(管)排口、小管径排口(合流制管道)三种类型。南河左岸排口主要为6个雨水泵站排口，由于区域排水达标及引补水未实施完

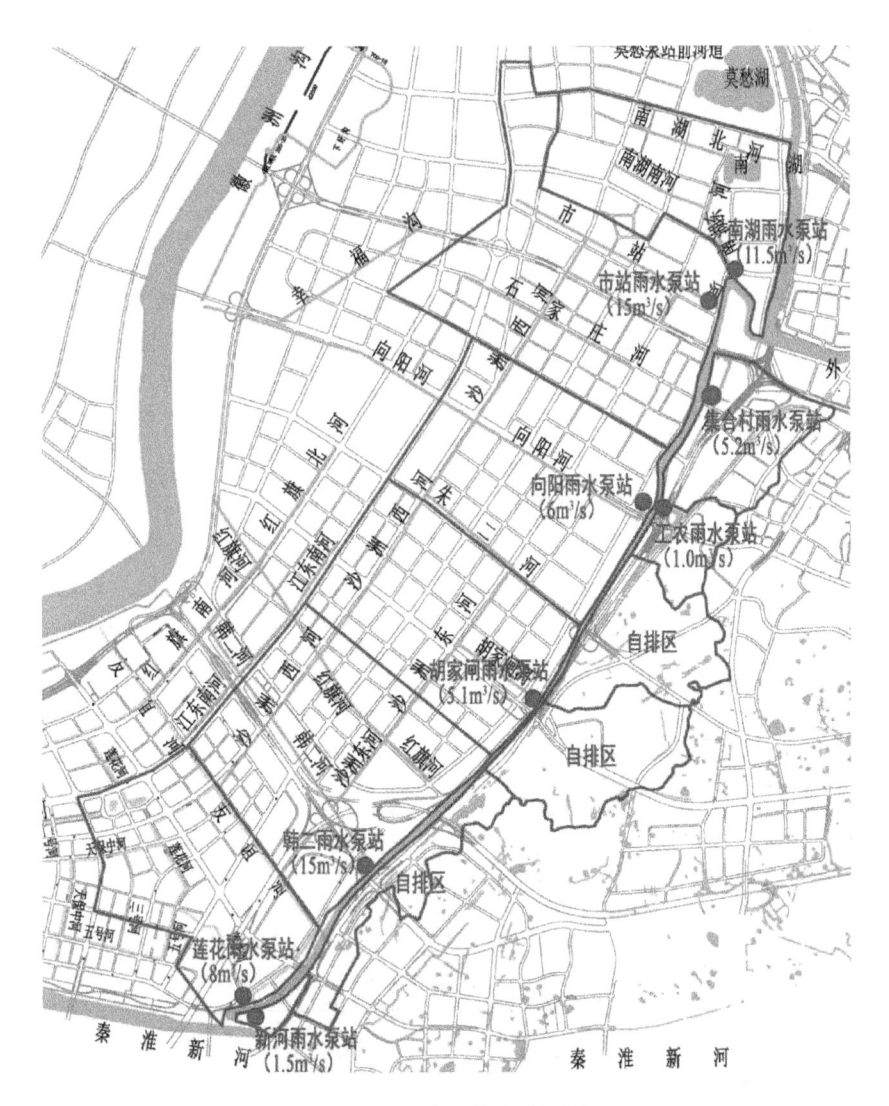

图 3.1-5　南河汇水范围图

成,各泵站前池水质检测结果较差,排入南河后影响水质。右岸共有 4 个雨水泵站排口,54 个中小型合流制排口和 6 个大口径合流制排口,合流水未经处理直接下河,影响南河水质。经溯源,污染主要包括综合生活污水和工业废水。

生活污水:综合生活污水为南河两岸的主要点源污染,综合生活污水除居民生活用水外,还包含了医疗、市集、餐饮业等公共设施污水。由于南河两

序号	类别	位置
1	南河9座雨水泵站	莲花泵站
2		韩二泵站
3		胡家闸泵站
4		向阳泵站
5		市站泵站
6		南湖泵站
7		新河泵站
8		工农泵站
9		集合村泵站
1	南河右岸6家排污企业	南京费隆复合材料有限责任公司
2		南京宁凯机械有限公司
3		南京高精齿轮集团有限公司
4		乾元浩生物股份有限公司南京生物药厂
5		南京玻璃纤维研究设计院有限公司
6		南京同仁堂药业有限责任公司

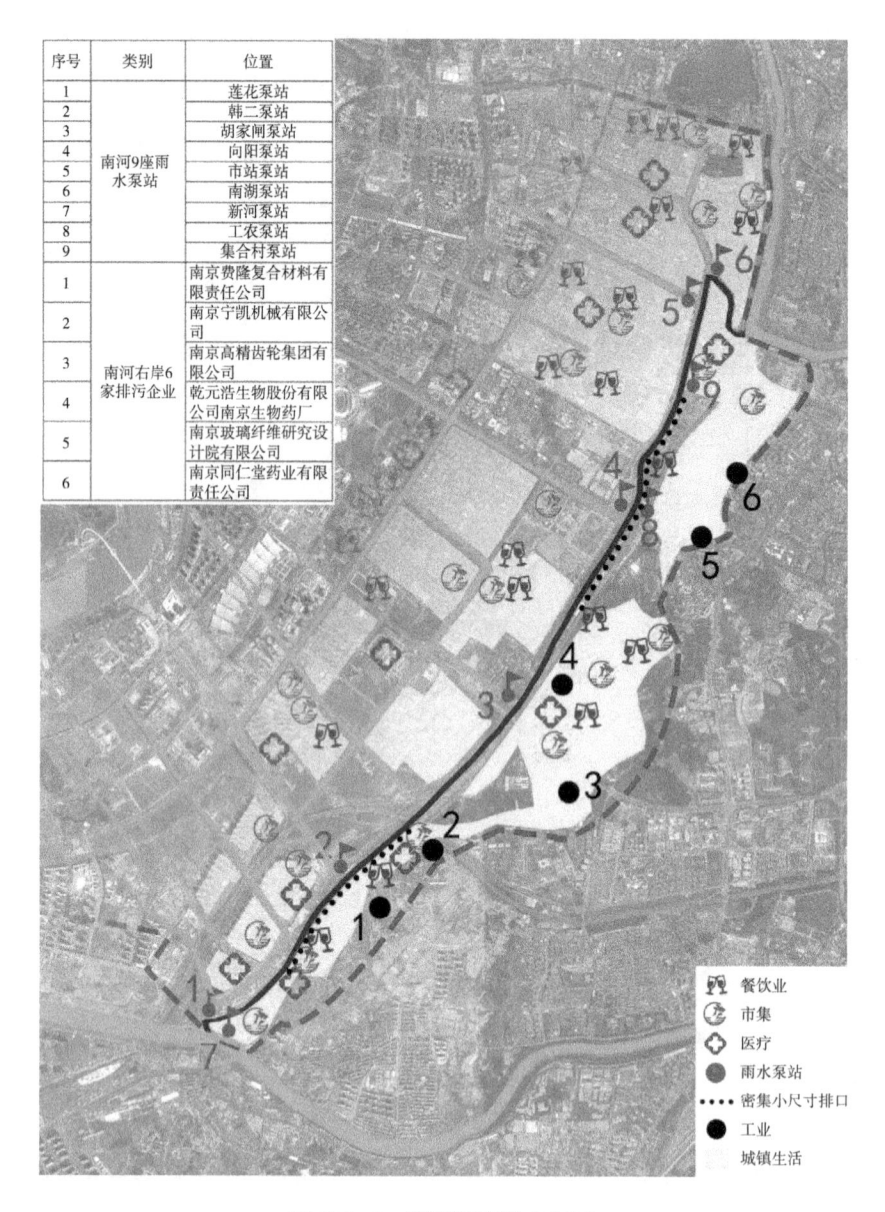

图 3.1-6　南河污染源分布图

岸雨污水系统不完善,周边的雨污水管网存在较多错接乱接现象,现状右岸仅有 7 个排口有截留设施,但部分截流设施(鸭嘴阀等)年久失修,已丧失截流功能。此外,南河两岸雨污分流工程建设尚未全部完成,右岸雨花台区赛虹桥街道和西善桥街道及左岸南湖等仍有大部分区域未完成雨污分流,导致左岸部分生活污水通过雨水泵站混排入河,右岸部分生活污水通过排污口直排入河及雨水泵站混排入河。

工业废水:根据环保部门提供的相关资料结合排口溯源,南河的工业废水污染主要来源于南京玻璃纤维研究设计院有限公司、南京同仁堂药业有限责任公司、乾元浩生物股份有限公司南京生物药厂、南京高精齿轮集团有限公司等企业及一些小型作坊。

(2) 面源污染

面源污染指通过降雨和地表径流冲刷,将大气和地表中的污染物带入水体,使水体遭受污染的现象。南河左岸面源污染范围主要为河西中南片东部以及南湖部分区域,该区域雨水主要是通过莲花泵站、韩二泵站、胡家闸泵站、向阳泵站、市站泵站、南湖泵站 6 座雨水泵站机排进入南河。南河右岸面源污染范围主要为右岸的汇水区域,南河右岸的汇水区域分为自排区和机排区,部分区域自排进入南河,部分区域通过新河泵站、工农泵站、集合村泵站机排进入南河。

(3) 内源污染

内源污染主要指进入水体中的各类营养物质通过各种物理、化学和生物作用,逐渐沉降至湖泊底质表层。并可在一定的物理化学及环境条件下,从底泥中释放出来而重新进入水中,形成二次污染。南河两岸建成已久,整治前已成为污水走廊,每年承接两岸大量的生活污水及部分工业废水,以及城市建成区的地表径流污染,使得南河底泥积累了大量的污染物质。布设 4 个检测断面对南河底泥进行取样检测,通过底泥柱状样取样表明,南河底泥深度沿程变化较大,从莲花闸附近断面的 60 cm 到下游出口断面附近的 180 cm。根据底泥分析,南河断面表层底泥为深黑色淤泥,泥质疏松,有臭味。硫化物、有机质、总氮、总磷都非常高,说明底泥有机污染严重,蓄积了大量有机质和营养元素,有机物分解生成大量硫化物和氨氮,造成底泥黑臭。每年夏季温度升高,底泥中的沼气释放将大量的黑臭底泥从河底翻出,给河道水质造成极大污染。

为进一步分析底泥污染的危害,项目通过静态释放试验模拟分析南河河流底泥的释放情况。试验采用纯净水作释放水体,取南河 11 个断面的底泥进行释放实验。实验持续进行 15 天,每 5 天取烧杯中的上覆水做水质检测。结果如图 3.1-7 和图 3.1-8 所示,底泥静态释放污染物后造成水体中的氮、磷等严重超标,溶解氧含量下降。静态释放实验一定程度上反映了表层底泥的

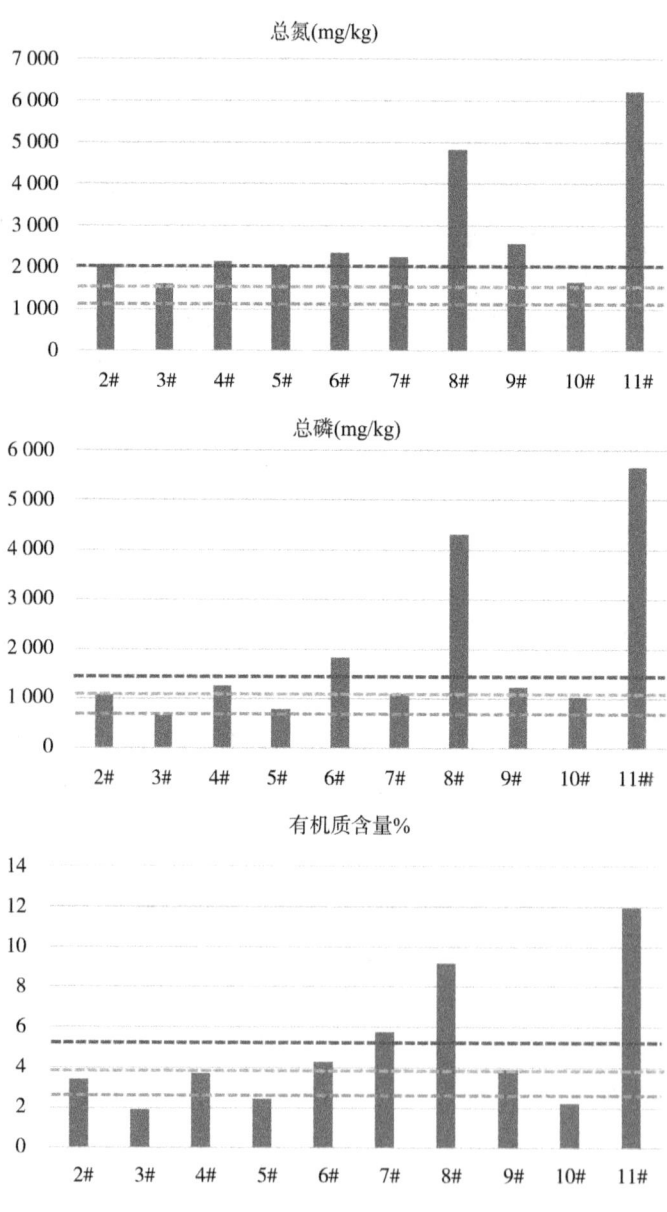

图 3.1-7　南河沿程各断面表层底泥营养物质含量

释放特征,也反映出河道经过治理、生态补水后(假设不清淤),可能会引起表层底泥中污染物质的加速释放,从而再次恶化水质。

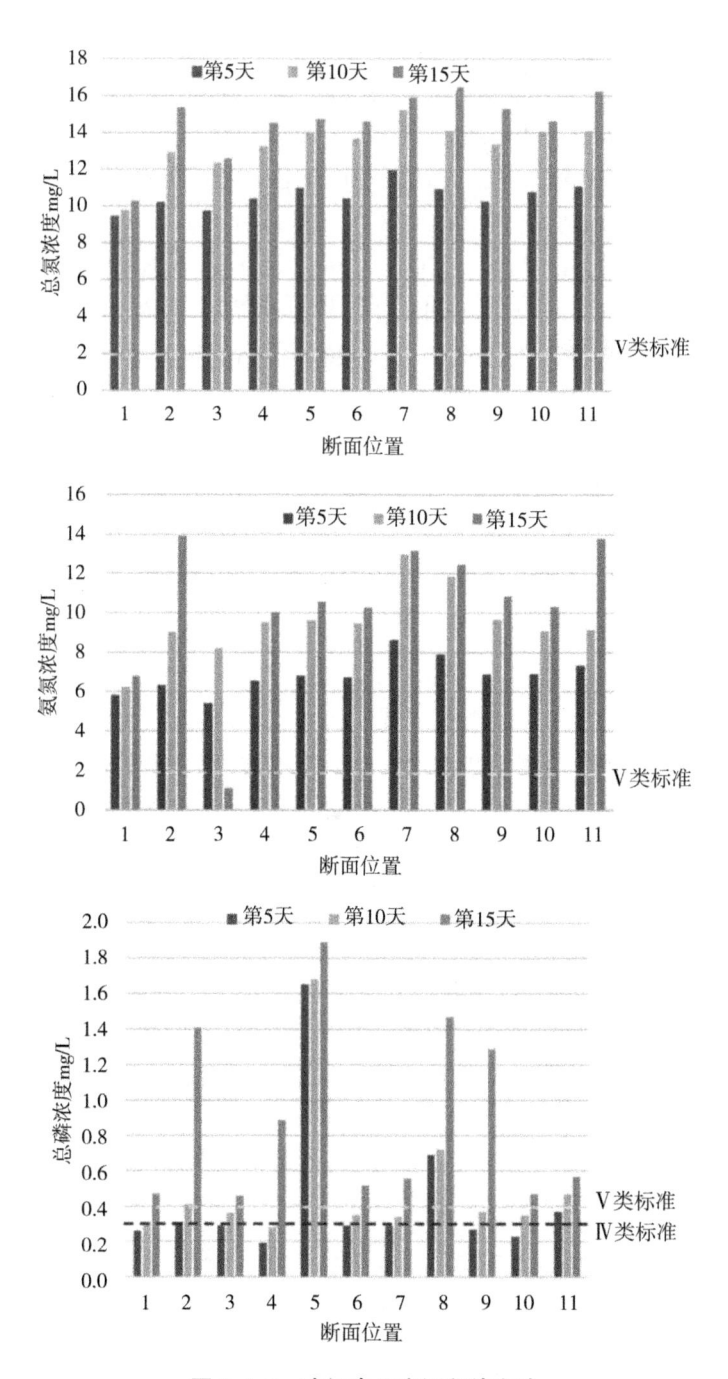

图 3.1-8 南河表层底泥释放实验

经计算，南河总污染物入河量（不含内源污染）为：COD 3 606.56 t/a，氨氮 724.32 t/a，总氮 880.55 t/a，总磷 57.77 t/a。根据《江苏省水利厅、省发展和改革委关于水功能区纳污能力和限制排污总量的意见》，南河 2015 年限排总量为 COD 572 t/a、氨氮 78 t/a，2020 年限排总量为 COD 542 t/a、氨氮 75 t/a。南河 COD 和氨氮入河量分别为 2015 年限排总量的 6.3 和 9.3 倍。其中，9 个雨水泵站污染物入河量为：COD 3 157.40 t/a，氨氮 634.89 t/a，总氮 778.05 t/a，总磷 49.43 t/a；COD 和氨氮分别占南河总污染物入河量的 87.5% 和 87.7%。其余 12.5% 的 COD 和 12.3% 的氨氮主要为沿岸 60 个旱天排污的排口和雨花 3 个自排区的面源污染散排。

综上所述，南河的主要污染源是两岸的雨水泵站排污，这导致大量的污染物入河，给河道水环境造成了很大的破坏。

3. 生态本底调查与分析

生态本底调查结合南河形态，样点和断面设置的基本原则为在干流上游、中游、下游，主要支流汇合口上游，汇合后与干流充分混合处，主要排污口附近，河口区等河段设置采样断面。南河左右没有明显的支流存在，按照相关国家标准和水质与生态调查基本规范的要求，采样点设置在具有代表性的南河上、中、下游 3 个监测点和工程区外 2 个对照点。此外，对周边生活污水排水渠道等潜在的污染源额外增加一处重点监测点。南河共设置 6 个监测点，如图 3.1-9 所示。根据监测结果分析出南河浮游植物群落、浮游动物群落、底栖动物、水生植物具有的特征。

(1) 浮游植物群落

南河共发现浮游植物 6 门 55 种（属），其中蓝藻门 7 种、硅藻门 15 种、绿藻门 26 种、隐藻门 1 种、甲藻门 2 种、裸藻门 4 种。不同采样点水域中，绿藻门浮游植物数量占比最高，蓝藻门和硅藻门浮游植物数量其次，甲藻门和隐藻门数量最少；不同水域水体中绿藻门中物种种类最多，种类分布最广泛，硅藻门其次，而隐藻门、甲藻门种类单一。南河 NH2 号点中硅藻门浮游植物数量最为突出，占比 55%，总数量达到 2 321×104 cells/L，而蓝藻门和绿藻门数量相近，分别占 32% 和 11%，总数量达到 1 323×104 cells/L 和 448×104 cells/L。

(2) 浮游动物群落

南河中轮虫生物量最高；河道中 6 月生物量远高于 11 月；NH_3 浮游动物各类生物量都最高。从物种类型看，两个季节中轮虫生物量在不同河道都处于绝对优势，其中轮虫春季生物量约占浮游动物总生物量的 50%~80%，甲

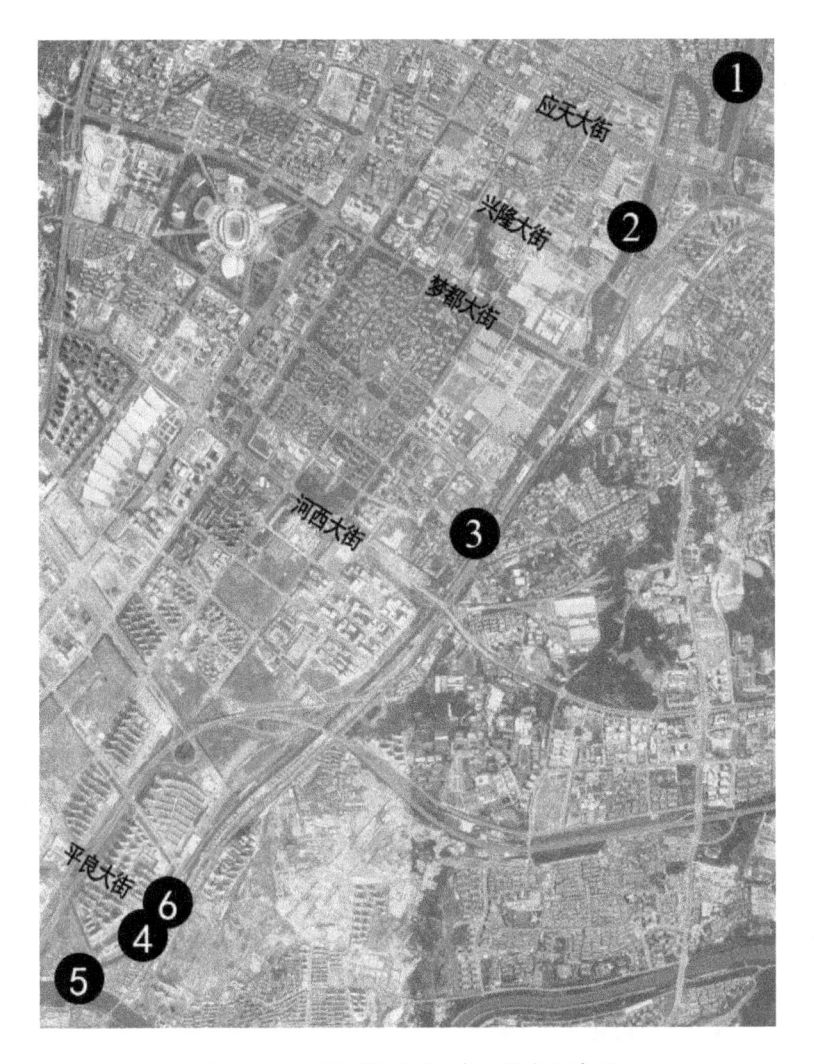

图 3.1-9 南河调查断面点位分布示意图

壳类浮游动物其次,约占浮游动物总生物量的 20%～50%左右。从时间上看,6月不同采样点位浮游动物的生物量是11月生物量的2～12倍,其中轮虫生物量变化最为显著,主要原因可能是气温影响。

(3) 底栖动物

南河共鉴定出底栖动物4种,以水丝蚓和软体动物环棱螺为主,皆属于相对耐污型底栖动物。有研究认为水生昆虫摇蚊主要以细菌和藻类为食,对水质净化有重要作用,而寡毛类喜欢生活在腐殖质丰富、有机污染严重的水域中,是水质污染程度的重要指示生物。全段未能监测到对水质敏感的底栖动物种类,如毛翅目(小石蛾科、等翅石蛾科、原石蛾科)、广翅目(齿蛉科、泥蛉科)、蜉蝣目(扁蜉科、蜉蝣科、寡脉蜉蝣科)、鞘翅目(长角泥甲科成虫、扁泥甲科)、襀翅目(石蝇科、黑襀科)和双翅目的种类。南河全段底栖动物群落结构单一,物种种类属较少;底栖动物生物量则呈现出上、下游低,中游高的空间分布趋势。

(4) 水生植物

南河河道及其周边湿地中共有水(湿)生植物约12种。依据生活类型分类,主要有挺水或湿生植物5种:酸模、双穗雀稗、香蒲、芦苇、水蓼;沉水植物3种:菹草、狐尾藻、苦草;浮叶植物和漂浮植物4种:野菱、水葫芦、浮萍、槐叶萍。其中沉水植物和漂浮植物无群丛形成;湿生植物或挺水植物有2个群系和5个群丛,分别是禾草沼泽亚型中的芦苇群丛、香蒲群丛和芦苇香蒲群丛,杂草沼泽亚型的酸模群丛、双穗雀稗群丛。

4. 防洪排涝能力复核

(1) 设计标准

防洪标准:根据《南京城市防洪规划(2013—2030)》,设计洪水计算按近期100年一遇标准对南河设计洪水计算。河道防洪水位采用以流域20年一遇暴雨洪水遭遇下游外秦淮河100年一遇洪水位推求上游河道沿程水位。

排涝标准:根据《南京城市防洪规划(2013—2030)》和《南京市中心城区排水防涝综合规划》,河道及泵站暴雨重现期取20年一遇,建成区改造时不低于相应标准。

(2) 排涝能力复核

南河沿线穿堤泵站共11座,现状规模为68.55 m³/s。

①降雨量计算

南京地区暴雨强度公式为:

$$q = \frac{10\,716.7(1+0.837\lg P)}{(t+32.9)^{1.011}}$$

式中:q——暴雨强度,L/(hm²·s);

P——短历时暴雨重现期,a;

t——降雨历时,min。

由暴雨强度公式计算出不同重现期(a)和历时(min)的降雨量X(mm)见

下表。

表 3.1-1　不同重现期的短历时雨量计算结果　　　　单位：mm

P(a)	时间(min)							
	5	10	20	30	45	60	90	120
0.5	6.10	10.76	17.41	21.92	26.49	29.56	33.41	35.72
1	8.15	14.38	23.27	29.30	35.41	39.51	44.66	47.75
2	10.20	18.00	29.13	36.68	44.32	49.46	55.91	59.77
3	11.40	20.12	32.56	41.00	49.54	55.28	62.49	66.81
5	12.92	22.79	36.88	46.44	56.11	62.62	70.78	75.67
10	14.97	26.41	42.74	53.82	65.03	72.57	82.03	87.70
20	17.02	30.04	48.60	61.20	73.95	82.52	93.28	99.73
50	19.74	34.82	56.35	70.96	85.74	95.67	108.15	115.62

②雨水流量计算

雨水设计流量计算公式为：

$$Q = \psi \cdot q \cdot F$$

式中：Q——雨水设计流量，L/s；

ψ——径流系数；

q——暴雨强度，L/(hm^2·s)；

F——汇水面积，hm^2。

③综合径流系数

不同下垫面条件的径流系数取值见表 3.1-2、3.1-3。

表 3.1-2　径流系数表

地面种类	径流系数 ψ
各种屋面、混凝土和沥青路面	0.85～0.95
大块石铺砌路面或沥青表面处理的碎石路面	0.55～0.65
级配碎石路面	0.40～0.50
干砌砖石或碎石路面	0.35～0.40
非铺砌土地面	0.25～0.35
公园或绿地	0.10～0.20

表 3.1-3　综合径流系数表

区域情况	径流系数 ψ
城镇建筑密集区	0.60～0.85
城镇建筑较密集区	0.45～0.60
城镇建筑稀疏区	0.20～0.45

④排涝能力计算与分析

排涝计算公式如下：

$$M = \frac{16.67\left(\psi \cdot X - \frac{a}{A} \cdot H\right)}{T}$$

式中：M——排涝模数，m³/(km²·s)；

　　　ψ——径流系数；

　　　X——设计雨量，mm；

　　　a——调蓄水位处平均水面面积，km²；

　　　A——片区面积，km²；

　　　H——平均调蓄水深；

　　　T——设计排涝历时，取 120 min。

根据计算结果，整治前胡家闸泵站、工农泵站、集合村泵站排涝能力不足，同时南河右岸存在部分自排区；根据历史洪水情况，南河洪水位高于右岸自排区地面高程，片区内部涝水无法排出。思路为对高低水片区进行梳理，分区排放，同时扩大泵站规模以解决片区内部内涝问题。

表 3.1-4　南河沿线泵站复核结果表

序号	名称	汇水面积/km²	计算规模/(m³/s)	现状规模/(m³/s)	规划规模/(m³/s)	是否满足排涝需求
1	新河泵站	0.12	1.5	1.5	1.5	是
2	莲花泵站	3.05	7.87	8	15	是
3	韩二泵站	4.28	14.68	15	15	是
4	胡家闸泵站	3.39	11.14	5.1	18	否
5	向阳泵站	3.72	18.33	21	15	是
6	工农泵站	0.28	2.76	1.0	2	否
7	集合村泵站	0.80	8.2	5.2	13	否
8	市机站	4.76	14.39	15	20	是

续表

序号	名称	汇水面积/km²	计算规模/(m³/s)	现状规模/(m³/s)	规划规模/(m³/s)	是否满足排涝需求
9	南湖一站	2.70	11.27	8	8	是
10	南湖二站			3.55	3.55	

(3) 防洪能力复核

①边界条件

《南京城市防洪规划(2013—2030)》中以秦淮河全流域为分析对象,采用一维非恒定流河网模型,进行秦淮河流域洪水分析计算,选择 1991 年 6 月 30 日—7 月 13 日典型暴雨过程,进行同频率放大得到设计暴雨过程,推求秦淮河主要控制节点水位。结合南河实际,采用规划中两个组合工况的秦淮河水位作为南河控制水位,且南河河口水位利用线性插值法推求得到。

工况一:现状工况+规划排涝模数;

工况二:东河实施后+规划排摸+扩卡清淤工况。

表 3.1-5 不同工况水位情况

河道	节点	百年一遇设计洪水位/m	
		工况一	工况二
外秦淮河	武定门闸下	11.45	11.02
	凤台桥	11.25	10.9
	南河河口	11.24	10.89
	集庆门桥	11.22	10.87
	西水关上	11.09	10.86
	草场门桥	10.74	10.7
	定淮门桥	10.69	10.68
	入江口	10.63	10.63

②计算方法

根据南河的河道断面资料,采用 DHI 公司的 MIKE11 软件,对南河建立一维河道模型。模型根据圣维南方程组,采用 6 点 Abbott-Ionescu 格式,对河道的洪水过程进行计算。

圣维南方程组:

$$\frac{\partial Q}{\partial x} + \frac{\partial A}{\partial t} = q$$

$$\frac{\partial Q}{\partial t} + \frac{\partial\left(\alpha \frac{Q^2}{A}\right)}{\partial x} + gA\frac{\partial h}{\partial x} + \frac{gQ|Q|}{C^2 AR} = 0$$

连续方程离散：

$$\alpha_j Q_{j-1}^{n+1} + \beta_j h_j^{n+1} + \gamma_j Q_{j-1}^{n+1} = \delta_j$$

动量方程离散：

$$\alpha_j h_{j-1}^{n+1} + \beta_j Q_j^{n+1} + \gamma_j h_{j-1}^{n+1} = \delta_j$$

现状洪水计算泵站规模按泵站规划规模计算，采用一维河道水动力学模型计算南河沿程防洪设计水位，上游边界为流域分区内直接汇流及泵站抽排入流过程，下边界为河口100年一遇设计水位。

③防洪能力计算与分析

根据水位计算结果，南河左岸为堤防加防浪墙，墙顶高程为11.55～12.79 m，堤顶高程基本满足要求；右岸莲花闸—平良大街（西善桥老街段）堤防正在南河堤防防汛消险工程中实施，堤顶加高至11.61 m并做防渗处理，满足要求；右岸平良大街—应天大街以路代堤段，堤顶高程没有达标；右岸应天大街—赛虹桥为堤防加防浪墙，墙顶高程为12.57～12.96 m，堤顶高程满足要求。因此需对右岸平良大街—应天大街以路代堤段进行达标建设。

与此同时，南河现有跨河桥梁共14座，多数桥梁梁底标高偏低，如平良大街桥、南河大桥、纬九路桥（河西大街）等9座桥梁，其中拖板桥（应天大街）梁底最低，仅为9.42 m，汛期阻水，需结合城市发展择机改造。

表3.1-6 现状工况南河沿程百年一遇设计洪水情况（工况一）

桩号	水位/m	流量/(m³/s)	流速/(m/s)
0+100	11.46	0.44	0.00
0+200	11.46	0.88	0.01
0+350	11.46	11.03	0.09
0+600	11.46	12.02	0.10
0+984	11.46	13.75	0.09
1+282	11.46	14.92	0.13
1+532	11.46	15.41	0.14
1+932	11.46	18.20	0.09
2+332	11.45	36.51	0.29

续表

桩号	水位/m	流量/(m³/s)	流速/(m/s)
2+732	11.44	39.72	0.23
3+133	11.44	43.57	0.20
3+480	11.44	46.38	0.31
3+880	11.43	49.57	0.27
4+380	11.41	65.62	0.44
4+700	11.41	68.51	0.46
5+000	11.40	70.70	0.50
5+400	11.39	70.62	0.44
5+800	11.38	70.37	0.49
6+200	11.38	70.13	0.36
6+600	11.34	92.90	0.66
7+050	11.35	92.63	0.37
7+400	11.34	92.37	0.40
7+800	11.34	97.27	0.34
8+200	11.27	97.02	0.49
8+350	11.26	97.01	0.59
8+650	11.27	123.51	0.28
9+000	11.25	123.45	0.55
9+300	11.24	123.44	0.59

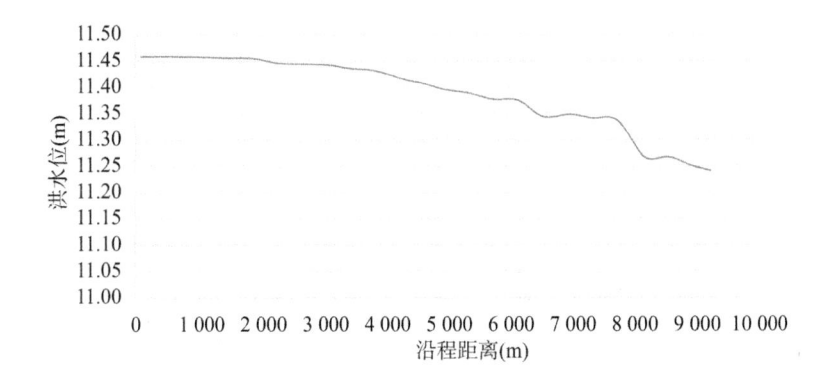

图 3.1-10 现状工况南河沿程百年一遇设计洪水情况（工况一）

表 3.1-7　现状工况南河沿程百年一遇设计洪水情况(工况二)

桩号	水位/m	流量/(m³/s)	流速/(m/s)
0+100	11.14	0.39	0.00
0+200	11.14	0.78	0.01
0+350	11.14	10.83	0.09
0+600	11.14	11.67	0.11
0+984	11.14	13.28	0.10
1+282	11.14	14.37	0.14
1+532	11.14	15.09	0.15
1+932	11.14	17.85	0.14
2+332	11.13	36.10	0.31
2+732	11.13	39.24	0.24
3+133	11.12	42.98	0.23
3+480	11.11	45.68	0.35
3+880	11.11	48.77	0.29
4+380	11.09	64.71	0.47
4+700	11.08	67.56	0.48
5+000	11.07	69.71	0.55
5+400	11.06	69.57	0.48
5+800	11.05	69.28	0.53
6+200	11.04	69.00	0.39
6+600	11.01	91.74	0.71
7+050	11.01	91.44	0.39
7+400	11.00	91.16	0.43
7+800	11.00	96.04	0.37
8+200	10.93	95.77	0.53
8+350	10.92	95.75	0.64
8+650	10.92	122.24	0.30
9+000	10.90	122.18	0.58
9+300	10.89	122.17	0.62

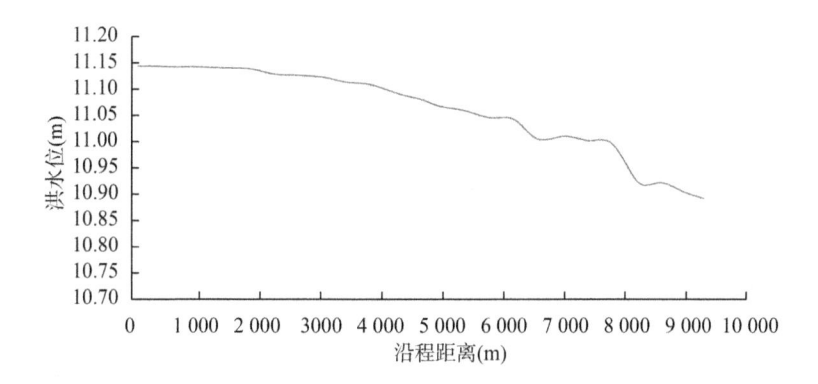

图 3.1-11　现状工况南河沿程百年一遇设计洪水情况(工况二)

5. 引补水能力复核

根据《南京城区水系连通与引流补水方案》,南河开展生态补水不仅需满足其自身的需求,且其作为区域骨干河流,是秦淮新河向外秦淮河生态补水的重要通道,同时也需通过南河沿河各引水涵向河西(奥体片区)开展生态补水。因此,南河生态补水关涉到区域整体生态补水效益,应对其引补水能力进行复核。

经调查,南河全线水质均为劣Ⅴ类,部分河段达到重度黑臭级别,河道基本丧失自净能力;河道内水量较少,部分河床滩地裸露,平均流速在 0.103~0.275 m/s 之间,水体流动性较弱。整治前,河道主要通过莲花闸(设计规模均为 5 m³/s)补水入南河引水泵站前池,由前池溢流堰溢流入南河,南河引水泵站前池溢流坝高约 7.9 m,秦淮新河大部分时间无法向南河补水,且补水规模较小。河道内虽有南河蓄水闸,但考虑到水质较差,为增强河道流动性,该闸基本未启用,无法有效蓄水。

综上所述,南河在水质和水量两方面均存在较大问题,现状引蓄水能力不足。

表 3.1-8　南河水量流速监测结果统计表

测点位置	平均流量/(m³/s)	平均流速/(m/s)
怡康街	7.702	0.231
梦都大街	7.151	0.197
奥体大街	3.255	0.275
楠溪江	2.366	0.201

续表

测点位置	平均流量/(m³/s)	平均流速/(m/s)
平良	2.363	0.255
新安江街	2.134	0.21
莲花闸下	2.4	0.204
南河闸下	2.256	0.103

6. 问题分析

(1) 安全得不到保障

存在防洪设施不达标、临水坡失稳、防渗不足等诸多安全隐患,且堤身被挤占程度已严重影响河道的正常管理。

图 3.1-12 安全得不到保障

(2) 生态环境不容乐观

南河整体生态环境较为恶劣,河道形态单调、大面积硬质化护坡、引蓄水条件不足,点源、面源和河道内污泥等诸多污染因子长时间未得到有效改善,使得河道丧失了自净功能,其生态环境品质与城市发展、民众需求不相符。

图 3.1-13 生态环境不容乐观

（3）未充分发挥区域生态补水功能

南河作为长江—秦淮新河—南河—外秦淮河引调水体系的重要组成部分，由于自身水量较少、水质较差，引蓄水工程规模不足等问题，未充分发挥区域生态补水功能，亟须改善河道水环境，完善、扩大其引蓄水规模。

（4）滨水空间未有效利用

南河滨水空间功能单调，基本没有休闲、健身、娱乐等功能；景观失调，与两岸城市建设发展不协调，多数段落为杂乱无章的绿化植被，改善其景观品质将有力地促进提升南京主城区城市品质。

图 3.1-14　滨水空间未有效利用

三、目标策略

按照协调、绿色、开放、共享、创新的原则,南河整治践行"安全水务、资源水务、生态水务、民生水务、法治水务"五水和谐发展的治水理念,结合南河存在的诸多问题,提出打造"安全南河、生态南河、美丽南河、创新南河"的治理目标。

(1)安全南河:通过堤防除险加固等防洪达标措施,保障南河防洪安全,使得南河成为安全之河。

(2)生态南河:通过控源截污、环保清淤,改善南河水质;改扩建引蓄水设施,改善南河水动力条件;结合河道形态及岸坡的改造,实施相应的工程及植物措施,逐步恢复河道自净功能,打造生态南河。

(3)美丽南河:结合两岸城市建设规划,对滨河空间进行布局,使其具有亲水、运动休闲和观赏功能,塑造美丽南河。

(4)创新南河:通过淤泥固化及无害化处理研究、截流构筑物形式及结构的研究、水处理技术的现场应用试验等,力争解决城市黑臭河道治理中的主要技术难题,为其他黑臭河道治理提供示范与借鉴。

为实现以上目标,从防洪排涝达标、水环境治理、水生态修复、滨水空间与水文化建设四方面进行了工程设计。

四、措施设计

1. 防洪排涝达标

(1)防洪达标:主要实施右岸平良大街—梦都大街段 5.4 km 堤防达标满

足100年一遇防洪标准,堤型选择既要满足防洪达标的需要,又要兼顾河道生态和与两岸城市环境相协调的要求,因此采用斜坡式土堤,填筑土料选用黏性土,河道护砌根据需要选择不同的形式,堤顶设计宽度不小于6 m,条件受阻且后方有临近市政道路可借用为防汛道路时,设计宽度不小于3 m,对于平良大街桥、南河大桥等9座汛期阻水桥梁的改造不含在本项目中,建议结合市政工程项目改造。

(2) 排涝达标:遵循高水高排、低水低排的原则,根据现状地形及排水管网资料对各分区高低水分区进行划分:划定高水区面积为4.17 km^2,采用自排模式,总排涝规模为32 m^3/s;低水区面积为1.90 km^2,采用机排模式,总排涝规模22.3 m^3/s。设计右岸新(拆扩)建排涝泵站5座:包括新建雨润广场泵站3.6 m^3/s,新建丁树涵泵站4 m^3/s,新建油脂涵泵站2 m^3/s;原址拆扩建工农泵站至3 m^3/s、集合村泵站至8.2 m^3/s。

2. 水环境治理

(1) 点源污染治理:为实现旱季污水100%截流,从南河沿线旱天有污水入河排口分析入手,考虑到左岸(建邺区)均为机排区,无分散点源污染,通过岸上雨污分流工程建设,解决雨污混接问题,确保泵站前池水质达标;右岸(雨花台区)分散排口较多,通过对54个中小型排口和6个大排口进行截污纳管,旱天将截流污水排至现状道路下污水主管内,雨天收集部分污水及初期雨水进入新建调蓄池内。

(2) 面源污染治理:针对降雨初期产生的地表径流污染,在南河右岸(雨花台区)建设4座调蓄池,包括二钢涵调蓄池800 m^3、雨润广场调蓄池3 500 m^3、丁树涵调蓄池6 900 m^3、油脂涵调蓄池6 500 m^3,采取分散调蓄模式,可有效收集不同雨水汇水范围内的初期雨水,并通过原位水处理设施将初期雨水处理后达标外排河道;南河左岸(建邺区)加快推进排水达标区建设,减轻入河初雨径流污染。结合海绵城市理念开展岸坡生态化改造,建设纵横植草沟约2万 m、坡面石溪3处、透水道路总长约2万 m、坡面绿化约11万 m^{2}等,共同消减岸坡入河径流污染。

(3) 内源污染治理:结合行洪需要,清除河底淤泥内源污染,淤泥处置减量化、无害化,努力实现资源化,设计清淤量为14.05万 m^3,采用绞吸式挖泥船结合水力冲挖清淤方式。底泥清出后,利用管道输送至莲花闸处南河河段设置的多级沉淀池进行多级沉淀处置后,经加压泵管输送至长江码头,船运至指定弃土场填埋。

3. 水生态修复

（1）引流蓄水：从生态需水量、水量平衡和生态流速角度论证南河引水规模，充分利用现状莲花闸与南河引水泵站，通过对现有引水闸门改造，保障河道引水流量。在河道蓄水分析中，考虑河道现状边坡情况，结合南河蓄水闸和下游秦淮河水位情况，合理确定南河分级常水位，不再新增蓄水建筑物。设计改造现有南河引水泵站自流涵，自流引水规模 5 m^3/s；保留现有南河闸，闸上水位 7.5 m，闸下水位 6.6 m。

（2）生态系统构建：通过对河道平面形态、河道岸坡的改造，湿地系统、水生动植物群落的重建与修复，融入低影响开发的城市建设理念，重建结构完整、功能完善的水生态系统。在两岸有条件的段落布置挺水植物、沉水植物等水生植物约 5.3 万 m^2，投放水生动物；新建莲花湿地位于南河莲花闸处北岸，面积 1.8 万 m^2；结合海绵城市理念开展岸坡生态化改造，建设纵横植草沟约 2 万 m、坡面石溪 3 处、透水道路总长约 2 万 m、坡面绿化约 11 万 m^2 等。

4. 滨水空间与水文化建设

遵循空间缝合、资源整合、人气聚合、文化融合的原则，对滨水空间进行环境综合提升。河道两岸全线贯通慢行系统，沿河建设多个观光、休闲、娱乐、健身等功能的公共空间，构建适应河道水利特点、水文特征和环境要素的水岸绿化系统，形成莲花闸—雨润大街的生态人文段、雨润大街—梦都大街的新城乐活段、梦都大街—赛虹桥的安康宜居段，共同打造南河丰富的滨水景观体系，吸引人气，繁华水岸。注重南河文化挖掘，设计统一品牌 LOGO 并通过墙、地面及各类公共艺术产品进行展示。

五、工程实施

2016 年，南京市启动黑臭河道治理三年行动计划。南河作为城市骨干河道同时也是建邺区和雨花台区的一条界河，水体长期污染、水质黑臭、生态系统破坏，严重影响了周边居民的生活品质，成为首要的治理对象。同年，长江流域大水，汛期南河右岸洪水漫堤，凤台南路和宁芜公路的部分路段以及沿河大量商、住户受淹，凸显的防洪安全问题造成极大的社会影响。

工程于 2018—2019 年度实施完成，工程总投资约 5.8 亿元。本项目在"幸福河"建设理念提出之先，成功实施集水安全、水环境、水生态、水资源、水景观、水文化为一体的城市河道综合治理；并率先开展了初雨截流调蓄及原位处理等试点建设,首创集调蓄、水处理、排涝于一体的多功能型调蓄池,为同类区域开展河道综合治理提供了示范与借鉴。本项目在 2020 年流域超标准洪水的长历时、高水位威胁下确保了防洪安全;新建、改建的排涝设施在建成以来多次强降雨中发挥了重要作用;河道考核断面水质由劣Ⅴ类提升到Ⅳ类;滨河生态系统有序恢复,河道环境焕然一新,河道管理调度能力显著提升,真正实现让市民满意、让政府放心的幸福河。

图 3.1-15 工程实施后现场照片

六、思考建议

1. 城市面源污染治理的思考建议

南河作为城市河道,汇水区域不透水面积的增加改变了水文特征,人类活动频繁增加了污染物的输入,城市面源污染已经成为城市河道水环境污染的主要来源。南河整治中,因地制宜,创新设计,在全市范围内首创集调蓄、水处理、排涝于一体的多功能型调蓄池。

结合南京市雨花台区城市整体规划要求,多功能型调蓄池整体结构为全地下式,调蓄池位于主体下层,水处理单元及排涝泵站位于主体上层,上下层设有连通的楼梯间,顶部为景观覆绿,仅泵站管理房为地上式建筑,不仅可节省地上空间,同时可保证沿河岸带的绿化率,与周边的生态景观环境更为协调。有初期雨水时,通过配水廊道收集初期雨水,以池内液位计控制调蓄水位;中后期雨水根据外河水位工况可通过自排涵自排入河或通过排涝泵站机排入河。雨后收集的初期雨水通过潜污泵提升至调蓄池水处理单元,处理达标后外排入河。

调蓄池配有智能控制系统,可与调蓄池内控制闸门、液位计及提升泵联动控制,从而实现全自动化运营,同时考虑满足调试及故障维修等工况,整个系统共设置就地、远程和超远程三种控制模式。

现状区域的污水管网存在高水位运行,污水处理厂容纳能力有限的问题,本次设计收集的初期雨水通过水处理设施处理达标后直接外排南河,不仅可以减轻排入污水厂的负荷,同时也增加了河道沿线的分散式补水水源,增强河道流动性,为提升河道的水环境质量起到积极影响。

多功能调蓄池不仅较单个功能单体布置节省了占地空间,同时通过各功能区域的控制设备实现整个调蓄池系统的不同工况自动化运行,具有示范性和推广性,不仅适用于合流制溢流污染的治理,也可应用于分流制初雨污染治理。

2. 水环境治理目标实现的系统性分析的思考建议

水环境治理项目中,水环境目标能否实现往往是项目成败的关键。

南河整治中,以水环境动力模型作为主要研究手段,结合资料收集、文献调研和现场监测等方法,通过对南河汇水区污染源和水环境质量的系统调查,明确点、面源污染的来源和路径,掌握南河的水环境特征,在此基础上,建立南河水环境动力模型,模拟分析南河水质变化及影响南河水质的关键要素,分析评估南河的纳污能力,以及整治工程措施对南河水环境质量改善的效果及水环境治理目标的可达性,主要内容包括:(1)污染来源调查及核算;(2)河道纳污能力分析;(3)水环境动力模型构建与分析。

南河水环境治理目标实现的系统性分析,利用有限体积法建立了基于二维非恒定流及其物质输移降解的水环境动力模型,实现南河水量和水质的耦合模拟,同时模型建立了在不考虑沉积物冲刷的情况下,沉积物-水界面氮、磷交换主要由沉积物间隙水的扩散、底栖生物的扰动造成沉积物上氮、磷的释放的过程模拟。率定后的各污染物降解系数、间隙水浓度见表3.1-9。该模型可提供不同情景条件下河道各个空间点位、给定时刻水位、流量和不同水质指标的浓度值,为评估工程对南河水量和水质的影响提供基础工具。此种模型构建方案及参数可推广应用至南京市内其他类似河道。

表3.1-9 污染物降解系数及间隙水浓度

污染物	降解系数/(L/d)	间隙水浓度/(mg/L)
COD	0.08	10
TP	0.06	0.343
TN	0.08	4.8
NH_3-N	0.08	4.8

第二节 珍珠河

一、河道概况

南京市珍珠河位于南京江北新区核心区浦乌路南侧,起于西庄泵站,止于七里河,河道总长约2.55 km,河道上口宽15~66 m,河底高程5.50~3.40 m,水深0.2~0.9 m,水域面积0.13 km²。河道沿线有跨河桥梁5座,拦水坝2座,穿堤涵、闸2座,泵站1座。

河道全线均为土坡,左岸为圩区,现有堤防,堤顶高程9.90~11.10 m;右岸为浦乌路,为路堤结合形式,沿河岸局部段设有混凝土挡浪墙,岸(墙)顶高程8.0~9.1 m。现状河道迎水坡面部分区域无覆绿,部分区域杂草丛生。东岸与拆迁地块相邻,迎水坡面多为杂草,杂乱无章。

珍珠河为入江河道七里河支流,其北部山丘区来水经过路南水库(佛手湖)、四机泄洪沟进入珍珠河后汇入七里河,河道起点处设有西庄泵站,现状规模2.1 m³/s,由定向河排入珍珠河。珍珠河汇水面积6.5 km²,是区域内一条防洪河道。

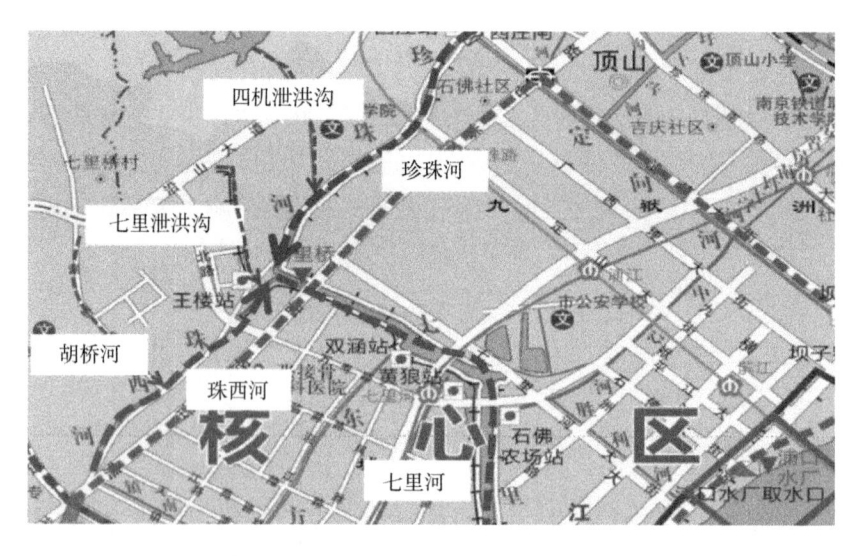

图 3.2-1　河道区位及周边水系示意图

图 3.2-2　整治前河道现场

二、调查分析

1. 水环境质量评价

珍珠河水质目标为地表水环境质量 Ⅴ 类标准。收集了江北新区环保部门 2020 年珍珠河水质监测，依据《地表水环境质量标准》(GB 3838—2002) 及环保部办公厅 2011 年 3 月发布的《地表水环境质量评价办法(试行)》，采用单因子评价方法对河道水体进行评价，珍珠河水质基本满足 Ⅴ 类水标准，但存在水质不稳定的现象。

2. 污染源调查与分析

珍珠河污染源调查范围为珍珠河汇水范围 6.5 km^2。经过调查，珍珠河前期已实施排口整治，现状沿线旱天无污水入河，污染基本为面源、内源污染。

（1）面源污染

农村生活污染：主要来源于汇水范围内的待改造区，由于周边管网不全，居民生活污水就近散排下河。

城市地表径流：主要来源于汇水范围内的硬质化地面、路面。降雨时，雨水冲刷地表，携带大量地表污染物下河。

林地径流：主要来源于汇水范围内的林地、绿化用地。降雨时，营养盐等随雨水冲刷下河。

（2）内源污染

底泥污染：主要指进入水库的各类物质通过各种物理、化学和生物作用，逐渐沉降至河道底质表层。积累在底泥表层的氮、磷等物质，在一定的物理、化学及环境条件下，从底泥中释放出来而重新进入水中，形成二次污染。

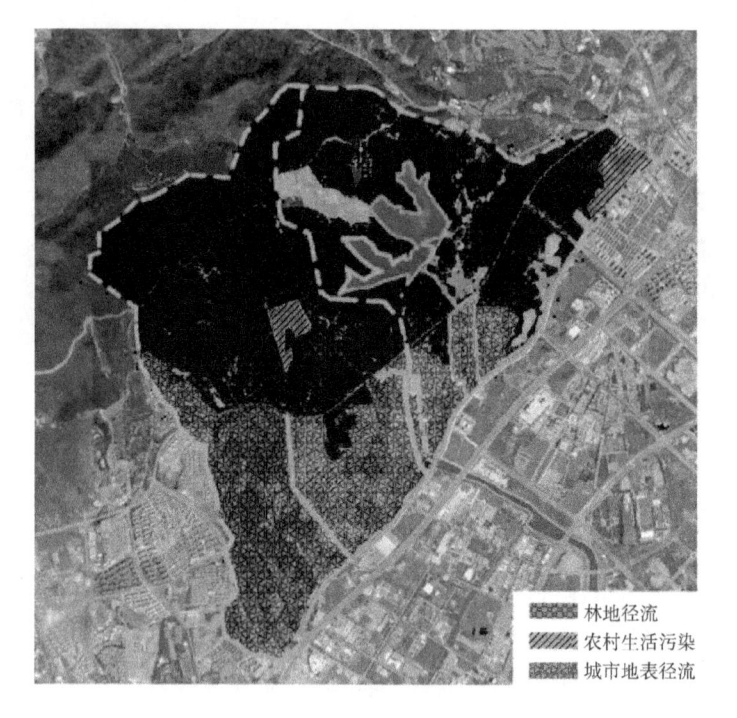

图3.2-3 面源污染分布图

根据估算,珍珠河COD的污染入河量约25.80 t/a,氨氮约为0.62 t/a。各污染源COD的污染入河量为:城市地表径流＞农村生活污染＞林地径流＞内源污染。其中城市地表径流是其主要的污染源,占污染总量的79%。

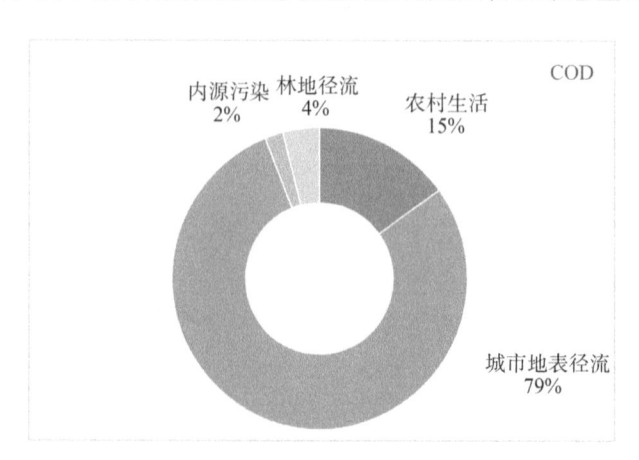

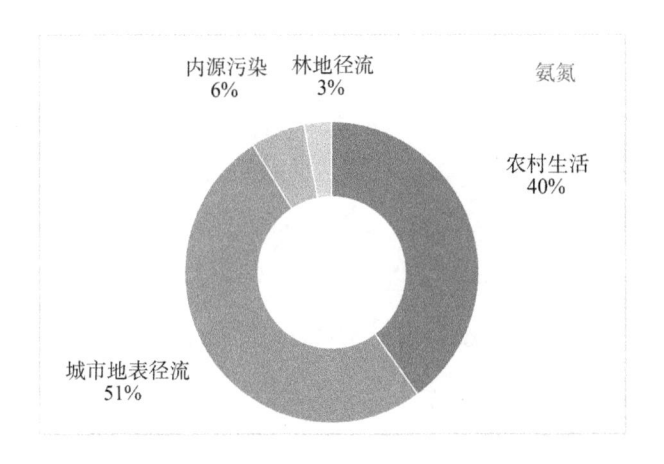

图 3.2-4　污染入河量占比分析图

3. 防洪安全计算分析

（1）汇水分区

珍珠河流域总汇水面积为 6.5 km²（不含西庄泵站排水面积），主要为山丘区。部分洪水经过路南水库调蓄后，再通过四机泄洪沟汇入珍珠河中游，部分汇水沿程自流汇入珍珠河上下游，详细汇水分区情况见表 3.2-1 和图 3.2-5。

表 3.2-1　珍珠河汇水分区概况

分区	汇水来源	汇水面积/km²	干流长度/km	干流比降	备注
A	流域沿程汇水（上游）	0.8	1.7	0.001	
B	B1：路南水库汇水	3.5	2.8	0.019	水库调蓄
	B2：路南水库下游汇水	1.75	1.5	0.012	山丘区汇水
C	流域沿程汇水（下游）	0.45	0.7	0.001	

（2）防洪标准

根据《南京江北新区防洪排涝规划》，珍珠河防洪标准为 100 年一遇，山洪防治标准为 50 年一遇，规划堤防等级为 2 级。

（3）计算工况

洪水计算工况如下：

50 年一遇工况组合：小流域 50 年一遇暴雨洪水遭遇七里河河口长江 8.28 m 潮位；

100 年一遇工况组合：小流域 20 年一遇暴雨洪水遭遇七里河河口长江 8.88 m 潮位。

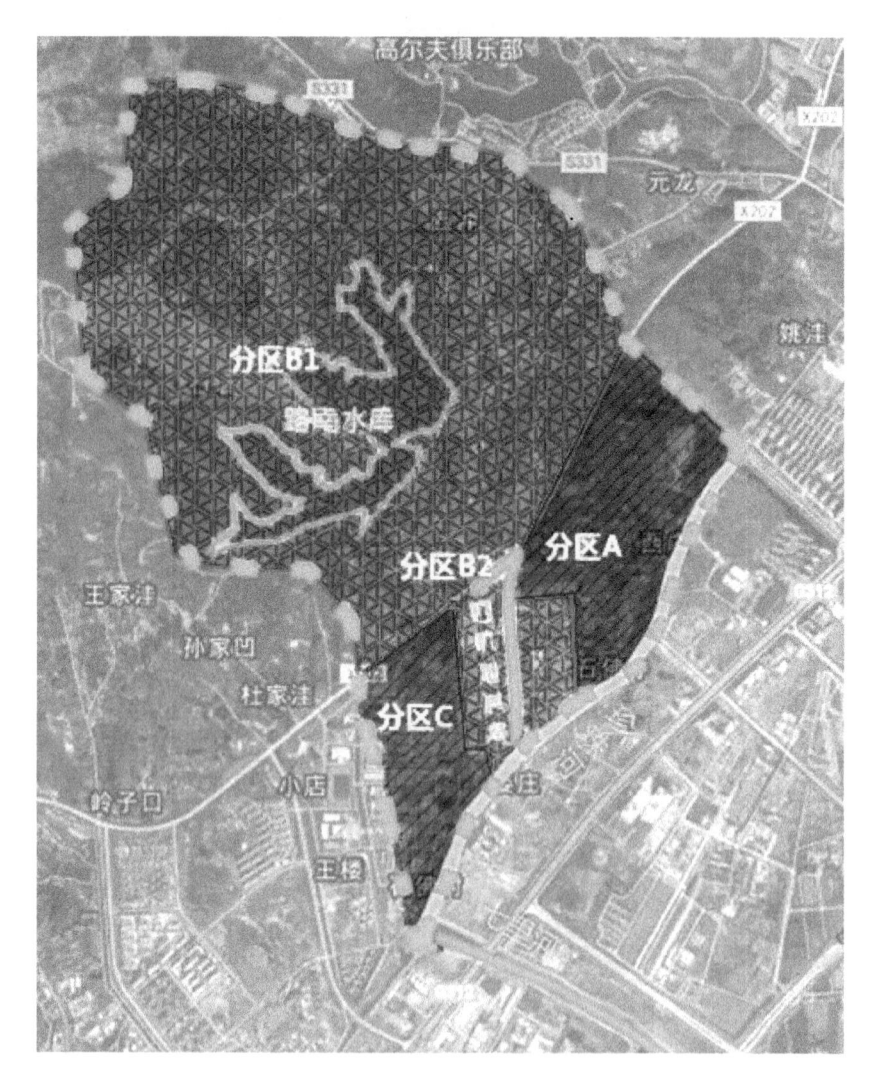

图 3.2-5　珍珠河汇水分区

(4) 设计洪水计算

①设计暴雨：由于流域内无实测水文资料，本报告根据《江苏省暴雨洪水图集》(以下简称《图集》)有关方法及资料，采用同频率暴雨进行设计洪水分析计算，净雨过程按每个时段减 1 mm 计，不同重现期的最大 1 h、6 h、24 h 设计点暴雨、净雨过程见表 3.2-2、表 3.2-3。

表 3.2-2　设计点暴雨

时段	重现期		面折算系数
	20 年/mm	50 年/mm	
最大 1 h	89.3	107.2	0.991
最大 6 h	157.5	193.5	0.996
最大 24 h	228.96	283.0	0.995

表 3.2-3　珍珠河流域 20、50 年一遇设计暴雨、净雨过程

时段/h	20 年一遇		50 年一遇	
	设计暴雨/mm	设计净雨/mm	设计暴雨/mm	设计净雨/mm
1	0	0	0	0
2	0	0	0	0
3	0	0	0	0
4	0	0	0	0
5	4.99	3.99	6.24	5.24
6	4.99	3.99	6.24	5.24
7	5.7	4.7	7.14	6.14
8	5.7	4.7	7.14	6.14
9	5.7	4.7	7.14	6.14
10	5.7	4.7	7.14	6.14
11	6.42	5.42	8.03	7.03
12	6.42	5.42	8.03	7.03
13	6.42	5.42	8.03	7.03
14	10.93	9.93	13.84	12.84
15	10.93	9.93	13.84	12.84
16	10.93	9.93	13.84	12.84
17	21.87	20.87	27.68	26.68
18	88.85	87.85	106.41	105.41
19	13.67	12.67	17.3	16.3
20	6.42	5.42	8.03	7.03
21	6.42	5.42	8.03	7.03
22	6.42	5.42	8.03	7.03
23	0	0	0	0

续表

时段/h	20年一遇		50年一遇	
	设计暴雨/mm	设计净雨/mm	设计暴雨/mm	设计净雨/mm
24	0	0	0	0
总计	228.48	210.48	282.13	264.13

②设计洪水:采用《图集》单位线法,计算各分区20、50年一遇设计洪水过程见表3.2-4、表3.2-5。

表3.2-4 20年一遇设计洪水过程

时段/h	珍珠河/(m³/s)		
	A	B	C
1	0	0	0
2	0	0	0
3	0	0	0
4	0	0	0
5	0.06	0.59	0.01
6	0.27	1.96	0.12
7	0.52	3.09	0.28
8	0.76	3.84	0.44
9	0.95	4.22	0.50
10	1.08	4.40	0.63
11	1.17	4.57	0.67
12	1.24	4.79	0.71
13	1.31	4.94	0.74
14	1.41	5.62	0.77
15	1.60	7.04	0.89
16	1.87	8.10	1.05
17	2.20	10.01	1.20
18	3.61	20.93	1.64
19	6.12	32.23	3.38
20	6.48	26.11	4.26
21	5.93	16.50	3.71
22	4.64	10.24	2.74

续表

时段/h	珍珠河/(m³/s)		
	A	B	C
23	3.42	6.41	1.92
24	2.33	3.37	1.26
25	1.48	1.53	0.75
26	0.89	0.63	0.40
27	0.50	0.23	0.21
28	0.28	0.08	0.10
29	0	0.07	0
30	0	0.03	0
31	0	0.01	0
32	0	0	0
33	0	0	0
34	0	0	0
35	0	0	0
洪峰流量	6.48	32.23	4.26

表 3.2-5 50 年一遇设计洪水过程

时段/h	珍珠河/(m³/s)		
	A	B	C
1	0	0	0
2	0	0	0
3	0	0	0
4	0	0	0
5	0	0	0
6	0.07	0.13	0.01
7	0.33	1.74	0.15
8	0.66	4.17	0.35
9	0.96	6.43	0.55
10	1.19	8.11	0.69
11	1.35	9.17	0.78
12	1.46	9.79	0.84

续表

时段/h	珍珠河/(m³/s)		
	A	B	C
13	1.56	10.34	0.88
14	1.64	10.84	0.93
15	1.76	11.33	0.97
16	2.04	13.05	1.12
17	2.36	15.42	1.32
18	2.78	17.66	1.51
19	4.49	24.14	2.06
20	7.50	48.71	4.15
21	8.29	60.81	5.20
22	7.25	52.72	4.53
23	5.69	38.84	3.36
24	4.20	27.28	2.36
25	2.87	17.80	1.55
26	1.83	10.60	0.93
27	1.10	5.78	0.50
28	0.63	2.93	0.26
29	0.35	1.40	0.13
30	0	0.66	0.01
31	0	0.23	0
32	0	0	0
33	0	0	0
34	0	0	0
35	0	0	0
洪峰流量	8.29	60.81	5.20

③洪水位推求：根据珍珠河的河道断面实测资料，采用DHI公司的MIKE11软件，对珍珠河建立一维河道模型。珍珠河水位流量成果见表3.2-6。根据水位计算结果及河道现状堤顶高程情况，珍珠河左岸堤顶高程基本满足要求，右岸堤防全线不达标。

表 3.2-6　珍珠河设计洪水计算结果

桩号	设计水位/m	洪峰流量/(m³/s)	左岸高程/m	右岸高程/m	河底高程/m	备注
0+000	9.10	3.2	8.19	8.38	5.89	
0+40	9.09	5.0	10.16	9.96	5.74	
0+400	9.08	6.4	10.03	9.15	5.41	
0+760	9.06	7.5	10.10	8.24	5.36	
0+960	9.05	9.1	10.14	8.95	4.76	
1+200	9.05	10.0	10.29	9.70	4.86	
1+560	9.03	70.3	10.37	8.02	4.83	四机泄洪沟汇入
1+760	9.02	71.0	10.40	9.10	4.14	
2+000	9.00	72.6	10.18	8.10	4.54	
2+400	8.99	74.8	10.24	8.30	3.86	
2+480	8.98	75.6	10.10	8.10	3.86	

4. 规划需求分析

珍珠河位于江北核心区，周边地块规划用地性质主要为二类居住用地、商住混合用地、科研教育用地、公共服务用地以及公共绿地。现状河道风貌需进一步提升才能满足未来区域发展需求。

根据相关规划，珍珠河全线属于七里河流域游船游线通航区域。珍珠河现状通航区域有 2 座拦水坝、4 座桥梁，影响行船；且河道底高程 5.5~3.8 m，水深 0.2~0.9 m，不满足行船吃水深度。河道需进一步改造才能满足七里河流域游船游线通航规划需求。

5. 问题分析

（1）防洪不达标

根据《南京江北新区防洪排涝规划》，珍珠河防洪标准为 100 年一遇，山洪防治标准为 50 年一遇，规划堤防等级为 2 级。根据洪水位计算结果及近年来汛期淹水受损情况，珍珠河右岸（老浦乌路）全线堤防不达标，部分河段束窄、泄流不畅，防洪存在安全隐患。

（2）与规划要求不相适应

根据《南京江北新区（NJJBd010 单元）、（NJJBd020 单元）控制性详细规划》等相关规划，区域内道路与河道均需进行布局优化与改造扩建，以满足城

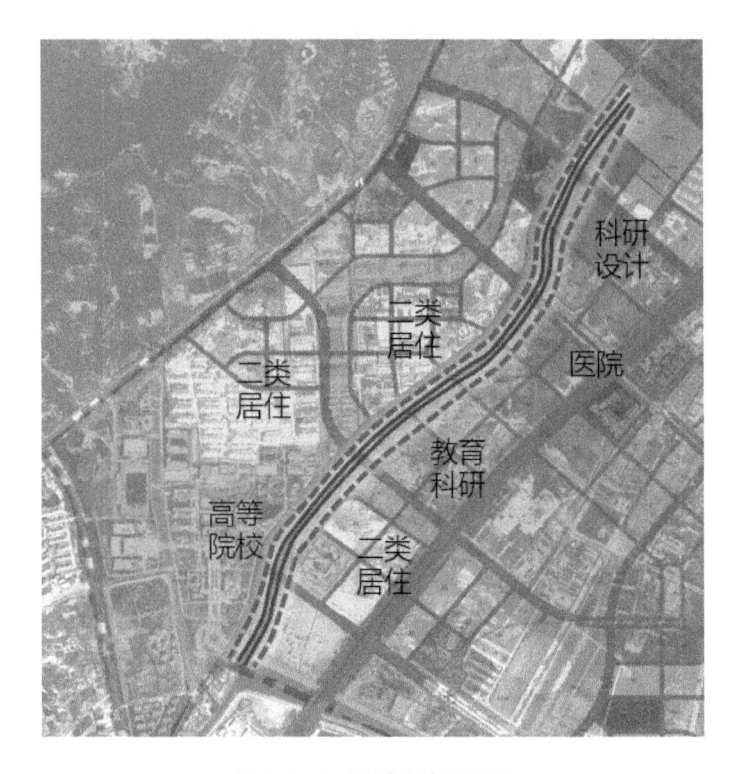

图 3.2-6　规划土地利用图

市发展需求。同时,珍珠河全线属于七里河流域游船游线通航区域,但珍珠河现状通航区域有 2 座拦水坝、4 座桥梁,影响行船;且河道底高程 5.5～3.8 m,水深 0.2～0.9 m,不满足行船吃水深度。

(3) 水环境及水动力条件有待提升

根据珍珠河河道现状、水质及污染源调查分析结果,河道污染源主要为面源污染,面源污染入河导致河道水体水质波动,影响水环境质量;另外,河道目前水动力条件较差,缺少生态基流,河道流动性差,造成河道自净能力减弱。

(4) 滨水空间环境亟须改善

珍珠河位于江北新区核心地块,除具备排洪功能外,根据规划还有市民休闲、景观、行船需求,而珍珠河现状滨水空间杂乱,与城市发展、民众需要不相符,亟须改善。

三、目标策略

珍珠河治理秉持自然与生态并重,物质与文化共融,人与自然和谐共处三大理念,以江北新区发展态势为依据,统筹水利、生态、景观需求,实现河道100年一遇防洪标准;实现河道Ⅳ水质标准;实现河道"三季彩林,七处绚烂,十里花坡"特色景观,打造珍珠河生态河道型公园,营造江北新区"望得见山,看得见水",行走于蓝绿空间的共享、生态之路。

为实现以上目标,从水安全、水环境、水生态、水景观四个方面进行了工程措施设计。

四、措施设计

1. 水安全

水安全设计按100年一遇防洪标准实施防洪达标,包括堤防工程、河道拓浚、岸坡整治等建设内容。河道设计中,在保障安全的基础上,根据行船需求及河道常水位等条件确定河底高程,保证1.5~2.0 m水深(行船吃水深度1.0~1.3 m);并遵循生态原理,优化河道线型,使河道线型蜿蜒曲折,宽窄不一,满足游线码头等景观需求。

(1) 河道平面设计:珍珠河现状河口宽度小于规划要求,按照防洪排涝规划不小于25 m河宽和顺接的需要进行拓宽;珍珠河现状河口宽度超过最低控制标准,按照现状河宽保留,不宜束窄。上游段现状河道较窄,右岸为浦乌路,左岸适当退堤,根据规划河宽不小于25 m及满足七里河游线需求拓宽;中游段右岸为浦乌路,其中浦口监狱和警官学院段因道路红线侵占河道,左岸适当退堤,根据规划河宽不小于25 m及满足七里河游线需求拓宽;下游段现状河道较宽,规划河道基本维持现状,就坡整坡。

(2) 河道纵断面设计:堤顶高程按设计洪水位加堤顶超高确定。堤顶超高由三部分组成:设计波浪爬高、设计风壅增水高度及安全加高,计算为0.7 m。为满足通航要求,拆除2座现状拦水坝。根据规划,珍珠河2座现状拦水坝拆除后广西埂大街至七里河河口段常水位由七里河河口闸控制,规划常水位4.6 m;广西埂上游段常水位由新建拦水坝控制,为6.5~6.0 m。珍珠河河底经拆坝拓浚后,设计河底高程自上游至下游为5.50~2.60 m,下游与七里河河底进行顺接。珍珠河现状桥梁共5座,除定山大街桥梁底高程满足防洪水位要求,其余桥梁底高程均不满足防洪要求,结合河道行洪及七里河游船游线等综合需求,拟拆除4座桥梁。堤防达标整治长度2 510 m,两岸均为以路代堤形式,通过堤防稳定分析计算,桩号K0+000—K0+040因定向河堤顶路建设需占用填埋,河道岸坡结合景观步道、节点等采用复式断面,全段左右岸河底采用木桩+抛石固脚,6.5～4.6 m常水位以下岸坡采用雷诺护垫防护或结合景观生态需求种植水生植物。因岸坡稳定要求,右岸桩号K0+520—K0+620、K1+260—K2+160设置d1 000 mm、长10～17 m、间距2 m灌注桩;右岸桩号K0+460—K0+520设置d1 200 mm、长15 m、间距2 m灌注桩;左岸桩号K0+558—K0+720、K0+854—K0+974、K1+240—K1+440设置d1 000 mm、长10～15 m、间距2 m灌注桩;左岸桩号K0+415—K0+558、K0+720—K0+756、K0+974—K1+240、K1+440—K2+500设置d1 200 mm、长15 m、间距2 m灌注桩;左岸桩号K0+756—K0+792段涉及地铁盾构下穿河道,采用d600 mm素砼桩加固岸坡土体,桩长2.50～12.83 m,间距1.50 m,梅花形布置。

(3) 河道横断面设计:现状河道基本为梯形复式及自然草坡入水断面,结合地形条件、行洪流量以及景观生态需求,设计采用梯形或复式断面。根据《堤防工程设计规范》(GB 50286—2013)7.4.1条,2级堤防堤顶宽不宜小于6 m。河道右岸浦乌路侧以路带堤,浦乌路设计宽度35 m,左岸堤顶路(兼作市政支路)侧以路代堤,堤顶路设计宽度18 m。珍珠河两岸为2级堤防,设计迎水坡不陡于1:2.5,背水坡结合后方场地因素等综合考虑,设计不陡于1:2。为保证新老堤紧密结合,筑堤前应将堤坡和堤脚的杂树、草皮、挡墙、腐殖质以及其他的杂物挖除并清理干净,清除厚度不小于30 cm。珍珠河土方以挖方为主,局部堤防需按要求加高培厚,堤身填筑料采用黏性土料填筑(渗透系数在10^{-6} cm/s),黏粒含量取15%～30%,塑性指数取15～20,不得含有植物根茎、砖瓦垃圾等杂质;黏土土料含水率与最优含水率允许偏差为±3%;土方分层碾压,分层厚度不大于0.3 m,压实度不小于0.93。填筑土方尽量利用开挖出的满足要求的土料,以减小外购运土压力。

2. 水环境

珍珠河现状水质基本满足Ⅴ类水标准,但存在水质不稳定的现象。水环境设计包括初雨截流和雨污混接排口截流等。

(1) 初雨截流:将珍珠河沿线6处雨水排口初期雨水收集处理,根据实际情况,工程范围共分为两段。①浦镇大街—定山大街段:雨水排口共 2 个(R01、R02),管径均为 $d1\ 500$ mm,本次设计在雨水排口上设置弃流井,沿线敷设 DN600—DN800 截流管道,将初期雨水收集排入珍珠河已建调蓄池,并通过在线处理装置处理达标后外排珍珠河。②定山大街—七里河段:雨水排口共 4 个(R03、R04、R05、R10),管径分别为 $d1\ 500$ mm、$d1\ 000$ mm、$d1\ 200$ mm、$d1\ 000$ mm;在雨水排口上设置弃流井,R03、R04 初雨收集至 R04 弃流井内后通过泵提升至浦乌路新建污水管网内;R05 排口上设置弃流井,初期雨水通过井内泵提升至浦乌路新建污水管网内;R10 排口前一个雨水检查井 R09 设置为弃流井,初期雨水通过井内泵提升至浦乌路新建污水管网内。弃流井内设置水力翻板堰,初期雨水时堰门关闭,管道内初雨水进入弃流管;中后期降雨时,堰门通过水压差自动开启,雨水排入河道,雨停后恢复晴天时状态。

(2) 雨污混接排口截流:主要包括浦口监狱和警官学院排口(R06 和 R07),分别在两个排口上设置截流井,保证晴天无污水入河,截流井内采用固定堰形式,大雨时可通过堰顶溢流入河。在浦乌路道路排水部分中,浦口监狱另一雨污混接雨水直排排口也直接设置弃流井,晴天将污水提升至浦乌路污水主管内,R08 为浦乌路污水主管井,井内设置潜污泵($Q=50$ m³/h,$H=10.0$ m)和液压闸门,污水主管运行水位正常时,可直接将截流污水排入主管内,如遇污水主管水位较高时,可通过潜污泵临时抽排。

3. 水生态

珍珠河水生态设计是在水安全、水环境基础上开展,同时设计过程中尽量融合水景观设计的相关需求,包括营造多样生境、保证补水活水、构建水生植物群落等。

(1) 营造多样生境:结合河道拓宽,将原有的直线型水岸重新整理为蜿蜒性面貌,增加岸线长度及水域面积重建水岸;结合自然水系冲刷形态,整合水面,形成深槽浅滩,利于湿地构建;增加岸线曲折度,丰富动植物群落。以上设计融合入水安全的河道平断面设计中,形成多种水力条件,为河流生态的生物多样性提供条件,创造适宜的多样生境(生物栖息环境),增强河道水体的自净能力。

(2) 保证补水活水:为保障河道上游水位及河道水体流动性,在河道桩号 K0+400 附近新建跌水堰 1 座,跌水堰宽度为 15.93~18.72 m,采用二级跌水,一级堰顶高程为 6.0 m,堰身宽度为 2.39~5.84 m,二级堰顶高程为

5.3 m,堰身宽度为 3.19~3.30 m。珍珠河现状补水口设计补水规模 0.3 m³/s,出水流量为 0.06 m³/s,位于河道上游。由于珍珠河左岸堤顶道路加高,且河道线型调整,现状 DN400 补水支管需进行改造,同步重建原阀门井和流量计井,并根据最新道路设计标高,调整补水管道竖向高程,补水出口调整至河道桩号 K0+400 附近新建拦水坝的上游,并在现状过河 DN1 600 补水主管上新增"T"口,新建 DN400 补水支管,为该段河道补水。补水管主要沿珍珠河左岸堤顶路人行道内敷设,距离人行道外边线 2 m,并于桩号 K0+060 附近设置出水口,新建补水口补水规模 0.31 m³/s。

(3) 构建水生植物群落:水生植物是水域生态系统中重要的初级生产者,可以直接吸收水中营养物质从而净化水质;也为水生动物提供生活、繁殖、觅食和躲避天敌的场所,增加水生物多样性,从而提高水体生态系统稳定性。考虑到珍珠河为行洪、行船河道,水生植物仅考虑挺水植物。依据前人、"九五"和"十五"期间国家水专项的研究成果,挺水植物群落能拦截入河径流夹带的泥沙及其他陆源污染物的 25%~62%;生长着挺水植物群落的底泥中氮循环微生物数量均有大幅度增加,其中反硝化细菌数量分别是硝化细菌数量的 10.69 倍和 8.24 倍,反硝化作用强烈,能够显著提高去除氮素的能力。挺水植物群落能使水中的磷酸盐、有机氮、氨氮和悬浮物分别减少 20%、60%、66%和 30%。设计在珍珠河沿岸的常水位以下 0.3 m 河段种植挺水植物,植物品种选择再力花、黄菖蒲、千屈菜、美人蕉、香蒲、水葱等。

4. 水景观

紧密结合水利、生态设计,同时赋予场地生态性功能,打造珍珠河绿色滨水廊道,按照"三季彩林,七处绚烂,十里花坡"的设计理念,为市民提供一个身心放松、亲近自然的休闲场所。珍珠河两岸保护范围内主要以植物种植为主,结合场地条件打造景观节点。

为保证安全性,种植设计将植物种植区分为水生植物区、迎水面种植区、背水面种植区。其中迎水面种植区根据河道水位变化情况又细化为不受淹区、偶尔受淹区、经常受淹区、长时间受淹区。不同种植区配置不同植物体系。

(1) 不受淹区(背水面)种植对应大型色叶树种强化突出段落种植特色,适当补充常绿植被构建骨架。

(2) 不受淹区(迎水面)种植对应小型色叶树种强化突出段落种植特色,适当补充常绿植被构建骨架。

(3) 偶尔受淹区种植适应性强,喜湿润,常生长于河堤、溪流旁的乡土乔灌草品种,与特色树种补充融合,丰富段落内涵。

(4)经常受淹区使用耐淹乔灌地被保持水土,绿化两岸形成多元植被层次。

(5)长时间受淹区使用水生植被优化滨水景观界面,丰富观感,净化水质,改善区域生境。

最终形成的"三季彩林"分别为紫花幽径区、白玉画廊区、朱蕾碧滩区,每片区以同种色系的植物色彩为主,打造三片色彩各异的景观植物主题分区;"七处绚烂"为滨河绿地中七处彩色植物(老山下佛手湖旁的珍宝,红-金叶红王子、黄-金丝桃、蓝-绣球花无尽夏、绿-欧洲月季绿冰、紫-加拿大紫荆、白-星花玉兰、粉-松红梅),以特色植物为主调,营造各具特色的滨河景观带。"十里花坡"为整体植物空间,以骨干乔木+开花地被为主,营造视线通透、色彩缤纷的开敞水岸花坡景观。

与此同时,城市界面以河道为蓝本,亲水游步道、游船码头、桥下空间、架空平台与慢行系统相结合,配套夜景亮化设施,实现滨河空间与公共交通蓝绿结合、韧性共享、与民共乐,打造珍珠河生态河道型公园。

五、工程实施

南京江北新区,2015年6月27日由国务院批复设立,成为全国第13个、江苏省首个国家级新区。根据国务院批复,新区战略定位是"三区一平台",即逐步建设成为自主创新先导区、新型城镇化示范区、长三角地区现代产业集聚区、长江经济带对外开放合作重要平台。珍珠河位于南京江北新区核心区,近年来,随着江北新区社会经济的快速发展,城市人口增长、区域扩大,城市空间的拓展和用地布局的调整,都对珍珠河及其滨水空间提出了更新、更高的要求。

工程于2021—2022年度实施完成,工程总投资约4.6亿元。工程统筹水利、交通、生态、景观需求,建成后,珍珠河不仅保障区域防洪安全,而且通过堤顶路建设满足周边交通需求;通过初雨截流、合理配置内外水源,构建活水补水通道,改善水环境质量,为周边区域提供了重要的生态载体;通过亲水游步道与游船码头、桥下空间、架空平台相结合,构建多层次绿道系统,通过绿化配植,形成"三季彩林,七处绚烂,十里花坡"特色景观并配套夜景亮化设施,形成江北新区生态河道型公园,为周边百姓提供绿色共享空间,为城市功能的完善提供了条件。

图 3.2-7 工程实施后现场照片

六、思考建议

1. 城市行洪河道设计的思考建议

城市行洪河道往往需要具有综合性的功能，包括防洪、生态、景观、行船等等，这需要在河道设计中统筹水利、交通、生态、景观等多种需求，综合考虑确定设计方案。珍珠河整治与城市开发建设相结合，河道设计中应注意以下两点：

（1）河道平面形态在维持原有走向的基础上，尽可能保证一定的蜿蜒性，不应采用折线或者急弯，在有条件的情况下，整治时应进行蜿蜒度修复。

（2）河道纵横断面设计时，在保证过流能力的基础上，统筹考虑生态、景观需求，合理设置堤防，在保障安全的基础上，将堤防"藏入"滨河开放空间，充分发挥滨河带状绿地对区域城市功能的完善作用；构建多样河道断面，丰富河道生境，合理运用综合坡比，尽量保障水面线以上采用生态护坡，增强河道亲水性和观赏性。

2. 滨水空间植物设计的思考建议

滨水空间的植物设计不同于陆域空间的植物设计，尤其是如珍珠河这类具有行洪功能的河道，迎水坡受水位影响较大，其滨水空间植物设计时，应强调在"安全"的基础上满足"美观"。

"安全"主要包括：①水利设施安全。配置植物的生长不能影响堤身稳定。在对防洪有特殊要求的情况下，树木种植不能阻洪，尽可能少地种植根系过深的大乔木，品种选择上需注意白蚁预防。②植物生长安全。由于行洪河道直接受到长江汛期的干扰，这种不可控的极端水位周期的变化会对岸坡的植被产生巨大的影响。所以必须建立能够较好适应消落带环境的植被体系，保证岸坡植被安全稳定地生长，减少由汛情带来的损失。

"美观"主要包括：注重季相景观的塑造、注重河道色彩设计、注重"地被、中层、上木"景观层次的搭配等。"美观"是以河道安全为基础的。在保证河道安全的前提下，进行丰富的植物配置，不可一味地追求景观的美化效果。

设计开展前，应对河道水文特征进行充分调查与分析，摸清河道滨水空间淹没频率，建立顺应水文特征的分带分段立体空间植物配置体系：①消落带区域：常水位至丰水位之间，此区域需充分考虑植物的耐涝性和耐湿性，适合简化设计;②稳定带区域:丰水位以上,不会受到水位变化影响,绝大多数植物都能稳定生长,可以进行重点打造。

第三节　外秦淮河七里街段

一、河道概况

南京市外秦淮河七里街段位于南京市秦淮区夫子庙附近,北起九孔闸,南至武定门泵站闸,河道总长约1.1 km,河道上口宽40~60 m,水深2.5~3.5 m,水域面积42 540 m²。

河道左岸为靠龙蟠中路一侧,护岸形式比较单一,全部为浆砌石挡墙,墙顶高于水面约0.8~1.2 m,挡墙上有截污盖板箱涵,箱涵每隔30 m设有溢流口,箱涵污水经东水关泵站后汇入大中桥泵站,盖板箱涵往上为河道植被绿化及滨水步道,滨水步道宽约1.5~2 m,绿化较为完善;河道右岸为靠近城墙一侧,护岸形式大部为浆砌石挡墙,墙顶高于水面约0.5~1.2 m,右岸起始段有一亲水平台,长约40 m,平台尺寸约为0.6 m(宽)×0.2 m(厚),离水面较高,该平台已废弃。墙后大部分直接接滨水步道,滨水步道较窄,约有1 m宽,且大部分段落已被破坏为土质结构,由于现状右岸有较多邻水建筑物(车棚、民墙、酒店等),滨水道路大部分段落无法延续和贯通。

河道上游水系主要包括外秦淮河副支、内秦淮河东段、内秦淮河南段。武定门泵站现状规模50 m³/s,当泵站不开启时,河道处于缓流或滞流状态;当泵站开启时,外秦淮河副支、内秦淮河东段、内秦淮河南段水通过该段河道排往外秦淮河,平均瞬时流速可达到0.2~0.4 m/s。

外秦淮河(七里街段)为内秦淮河南京景观娱乐用水区上游,属于典型的城市河道,河道功能为排涝、景观。

二、调查分析

1. 水环境质量评价

根据《江苏省地表水(环境)功能区划》,外秦淮河(七里街段)下游为内秦

第三章　河道水环境治理典型案例

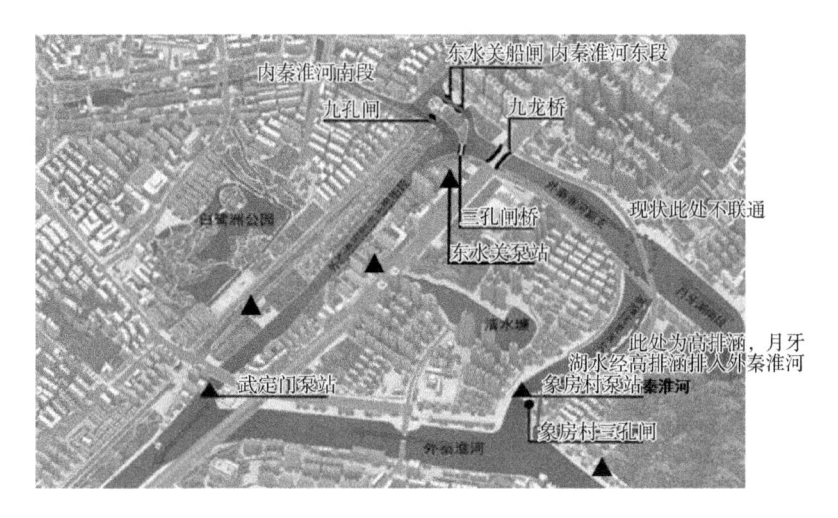

图 3.3-1　河道区位及周边水系示意图

图 3.3-2　整治前河道左岸现场

图 3.3-3　整治前河道右岸现场

淮河南京景观娱乐用水区，水功能区 2020 年水质目标为地表水环境质量Ⅳ类水标准，水环境质量评价采用地表水环境Ⅳ类标准和住建部与环保部发布的《城市黑臭水体整治工作指南》中黑臭河道评判标准进行评价。

经采样分析，整治前河道为劣Ⅴ类，轻度黑臭水体。

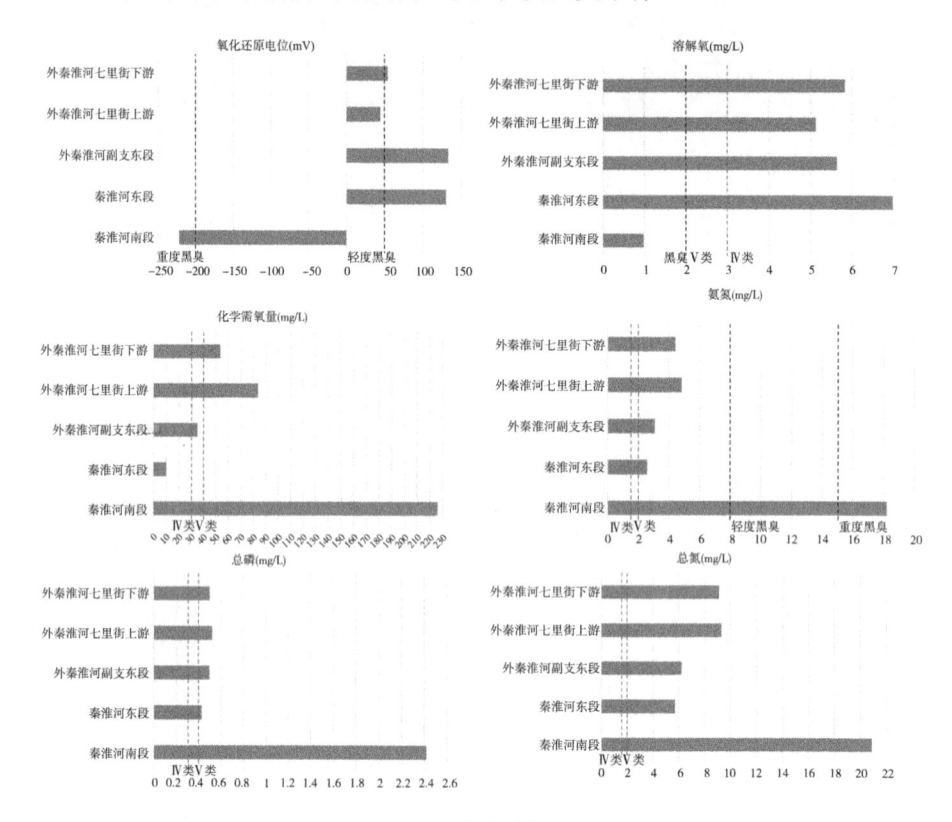

图 3.3-4　河道水质指标分析图

2. 污染源调查与分析

根据相关测量及管线资料，结合实地踏勘，河道汇水面积 0.345 km²，调查面积为 0.345 km²。经污染源调查分析，汇水范围内污染源主要包括以下三类：

（1）点源污染

河道沿岸排口共 33 个，其中左岸 27 个，右岸 6 个；其中雨水排口 17 个，盖板截污沟溢流口 16 个。经过调查，河道西岸小区 3 个雨水排口（R-02、03、04）旱天有污水入河，主要为城镇生活污水。河道左岸现有盖板截污沟有 16 个溢流口，目前龙蟠中路雨水汇集后经 d1 800 mm 管道汇入 2 400 mm×

1 800 mm箱涵再排入该盖板截污沟;同时,河道右岸R-06排口为合流制截流溢流排水口。当雨量达到一定程度,大量雨水包含污水产生溢流污染。

(2) 面源污染

主要为汇水范围内城镇地表径流,河道周边为南京市老城区范围,片区内多为硬质化的地面,由于缺乏初雨截流系统,地表污染物随雨水冲刷进入河道。

(3) 内源污染

主要为底泥释放。整治前河道底泥呈黑色,有恶臭气味,淤泥深度为150~200 cm,河道淤积较为严重,如果不及时清理,淤泥释放出的污染物会持续恶化河道水质。

经估算,外秦淮河(七里街段)总污染物入河量COD19.84 t/a,氨氮1.49 t/a,污染物入河量按照大小依次为城镇生活污染＞城镇地表径流＞底泥污染。

3. 河道流量复核

外秦淮河(七里街)属红旗泵站排涝范围,泵站设计流量50 m^3/s,排入河道为外秦淮河,汇水面积0.345 km^2。根据《南京城市防洪规划(2013—2030)》,排涝标准为20年一遇。按照20年一遇最大120 min降雨99.73 mm,排涝河道水位不超控制水位,计算排涝模数为2.90 m^3/(km^2·s),外秦淮河(七里街)设计排涝流量为1.00 m^3/s。外秦淮河(七里街)现状可以满足片区的排涝需求。

4. 存在问题

外秦淮河(七里街段)水环境存在的主要问题包括以下几点:

(1) 河道污染来源多。①河道汇水范围内存在雨污混接现象:河道右岸小区小部分污水混接进入雨水直排排口R-02、R-03、R-04,旱天污水直排入河。②河道底泥淤积严重:根据测量资料显示,外秦淮河七里街段淤泥深度为150~200 cm,淤泥释放的污染物不仅对水体造成二次污染,而且影响河道排涝能力。③雨天河道存在溢流污染:河道左岸现有盖板截污沟共有16个溢流口,现状有雨水排入,河道右岸R-06排口为合流制截流溢流排水口,当雨量达到一定程度,大量雨水包含污水溢流入河,产生污染。

(2) 上游来水水质差。河道上游与内秦淮河东段、南段及外秦淮河副支连通,暴雨期间泵站开启后,河道出现水质变差,上游蓝藻流入河段现象。上游水质较差,对本段河道水质产生一定影响。

（3）河道自净功能弱。现状河道水质差,河道岸坡硬质化。武定门泵站不开启时,河道处于缓流或滞流状态,水体流动性差,水体复氧率低。河道中未发现明显的沉水植物,水生态系统失衡,缺乏自净能力,难以降解外来污染负荷。

（4）滨水空间环境不佳。河道左岸绿化较好,护坡为浆砌石砌筑,坡顶为盖板截污沟贯穿整个左岸,盖板兼具滨河步道功能,但多处破损。河道右岸沿河绿化多数较为杂乱,浆砌石护坡、挡墙多处破损,滨河步道不贯通。河道滨水区域现状与其功能定位之一的景观河道不相匹配。

三、目标策略

2017年1月,南京市发布《2017年全市建成区黑臭河道整治攻坚方案》,贯彻落实市第十四次党代会确定的"一个高水平建成,六个显著"的总要求,以基本消除建成区黑臭水体为目标,确定了2017年度109条黑臭河道整治任务,南京市外秦淮河(七里街段)正是109条黑臭河道之一。

基于外秦淮河(七里街段)存在的水环境问题以及相关文件要求,以河道汇水范围为研究区域,治理目标如下：

2017年底前,全面消除黑臭水体;2018年主要水质指标达到《地表水环境质量标准》(GB 3838—2002)Ⅴ类水质标准;力争2020年主要水质指标达到Ⅳ类水质标准,恢复河道内生态环境,实现河道水清岸绿,水功能断面水质明显改善。

为实现治理目标,从污染源治理、上游来水预处理、水生态系统构建、滨河景观提升四个方面进行了工程措施设计,恢复河道健康的水下生态系统,与此同时,加强科学管护与长效管理,实现水体水质改善、水景观提升。

四、措施设计

1. 污染源治理

（1）控源截污：对河道汇水范围内小区进行雨污分流建设,从源头上解决污染问题。若短期雨污分流不能开展,则对R-02、R-03、R-04三个排口污水做截流处理：R-01、R-02、R-03三个排口均为$d600\ mm$塑料管,承接武定门北巷小区排水,旱天有少量污水排出,水质较差,改造三个截流井,将截流的污水送往附近的 d600 mm 截污管中,雨水溢流至河道。

(2) 清淤疏浚:结合现场的实地环境及施工条件,采用水力冲挖施工法,针对 1.1 km 河段全线进行清淤,清淤量约为 5.3 万 m^3,采用物理脱水工艺,利用淤泥资源化利用一体化处理设备,使清淤实现边清淤、边处理、边利用,处理后淤泥含水率可降至 50%～70%,对于不能现场利用的淤泥集中运送至南京市指定的处置场所(弃土场)。

(3) 溢流整治:针对河道右岸合流制截流溢流排口 R-06,建议开展排口汇水范围内雨污分流建设。针对河道左岸盖板截污沟 16 个溢流口,首先对盖板截污沟汇水范围内的小区进行雨污分流建设,在雨污分流全部完成后,将进入盖板沟的雨水直接释放入河,盖板截污沟变为污水通道,封堵 16 个溢流口。

(4) 初雨净化:根据雨水排口的雨水量,在较大的雨水排口处设置砾石预处理系统,通过砾石、挺水植物等对入河污水进行初步过滤净化,去除其中大部分的 SS,降低其浊度,并削减一部分污染物。

2. 上游来水预处理

由于上游来水水质较差,建议对上游河道进行水环境整治,提升河道水质。在上游河道水质未能达标的情况下,采取上游来水预处理措施。可设置软围隔,在软围隔中种植水生植物,通过植物来初步净化,削减来水氮磷等污染物,软围隔对水生植物具有阻拦作用,可防止其过度生长。也可设置人工水草挂膜,该挂膜表面形成生物膜用以净化污水。两项措施的选取应结合河道护岸型式,充分考虑措施的固定方式,以保证设施的设置不影响河道排涝安全。

(1) 在与内秦淮河东段、南段连通处拟优选 10 cm 细绳状人工水草挂膜作为生物膜载体,该细绳状人工水草挂膜主材质为维尼纶及聚丙烯,颜色呈白色或茶色,内加浮力体,比表面积达 2.10 m^2/m,抗拉强度大于 500 kg,且不影响河道行洪。该系统设置 30 排钢丝绳+挂膜浮球,每排间距 2 m,钢丝上部挂膜,间隔为 0.5 m 一根。

(2) 在与外副支连通处设置两层软围隔(均为透水性围隔,水体正常通行),采用米钢管桩对其进行固定(格网或者网片上,每米设置一个钢管)。外围为大孔径(孔径 1～2 cm)围隔,可拦截悬浮垃圾和外河道较大鱼群,避免后面的小孔径(20 目)围隔堵塞,内侧为 20 目小孔软围隔,两层围隔之间种植大藻约 120 m^2,用以对来水进行初步净化,削减来水氮磷等污染物(围隔对大藻具有阻拦作用,可防止大藻过度生长)。

3. 水生态系统构建

健康水生态系统各成分是个完整的有机体,除了必要的非生命类物质基础(阳光、水、空气和土壤等),还需有处于生态平衡状态下的生产者、消费者和分解者。外秦淮河(七里街段)水生态系统的构建需在河道基本完成污染源治理的基础上开展,通过底质改良等前期工作提升河道透明度,种植苦草等沉水植物,投加环棱螺、青虾、黑鱼水生动物,人工干预逐步建立微生物群落,经一段周期形成一个稳态的生态系统,所选用的动植物品种能够适应当地生态环境,避免出现因为部分品种死亡造成系统崩溃。同时,考虑河段属缓流水体,水动力明显不足,自然复氧效率低等,配套设置线性曝气增氧设施增强水体复氧能力。

拟在河道中心区域以及与外河道相连接的河段布置矮型苦草 23 400 m^2,红线草 12 000 m^2,以充分发挥其耐污耐冲刷的特点。拟投放青虾 45 kg,环棱螺 100 kg 及黑鱼 60 尾,构建水生动物群落。针对河道水体总容量、功能定位及水环境现状,结合项目水体呈狭长河道状,且全段宽度分布较为均匀的特点,拟在河道布设 6 套管道曝气系统(双排曝气形式,功率为 3.0 kW),对水体进行复氧。

在水生态系统修复前,必须对水体现状进行调研,并对底质进行适当改造。充分了解目标水体地质地貌地形、气候气象、水文、污染状况等生态环境条件,并分析水质、底泥和动、植物等现状,利于合理设计水生态修复项目各主要工序的工程量,计算生物链和水生食物链对水体富营养的转化效力和效果,最终对比工程前、中、后期水质的变化,确保工程预见目标实现。野生杂鱼摄食水草,不易于水草生长,且会搅动底泥,导致底泥上浮,水体浑浊,因此在主体工程开始前需对水体鱼类进行转移,降低鱼类对工程施工的影响。工程施工前,分区转移水体杂鱼,控制施工区域内的鱼类数量,清除生长杂乱的水生植物及表面垃圾等,增加水体生态治理的可控性。

4. 滨河景观提升

(1)贯通两岸滨河步道,改造景观节点:河道右岸下游段改造滨河步道,并利用绿地打造景观节点,达到与现有景观节点的组团呼应,为游人提供更加舒适的水岸空间;中游小区段对连接上下通道进行改造,加强景观可达性,同时优化该段植被绿化;上游段对靠近工程起点处亲水平台进行改造,提供更加舒适的观景点位,同时达到完善游园道路系统的目的。鉴于河道左岸现有景观系统较为完整,该段景观工程的重点为优化滨河步道,修缮现有盖板箱涵,与滨河步道结合,增强滨水可达性。

(2)优化景观设施:现有两岸滨水栏杆设施陈旧,并有多处破损,存在较大的安全隐患,同时与当前景观不够协调,需对问题滨水栏杆进行修复。

(3)调配植被绿化:河道迎水坡面现有成材大乔木,但缺乏林下植物层次,绿化设计在保留原有成材树木的基础上进行补植,中层选用观花植物日本晚樱、垂丝海棠、紫叶碧桃、紫薇、蜡梅等,花期各异,形成丰富多彩的四季景象;下层种植黄杨球、茶梅球、红花檵木球等灌木球,观花、观叶植物组团种植;地被选用开花植物黄菖蒲、粉花绣线菊、八仙花、果岭草等,以期达到四季如春的景观效果。

5. 长效管护

深入落实河长制,制定并实施外秦淮河(七里街段)"一河一策"行动计划,创新管理模式,全面推行河长制度。制定应急预案,在极端天气、突发污染、藻类暴发等情况下,启动预案应急,确保水环境安全。本着应急补水的原则设置河道引流补水措施,以保证河道的生态流量。建立河道智慧水务系统,包括河道水质监测系统、河道监控系统、河道电子公示牌等。加强河道管护与保洁,建议引进专业的运行管理公司,对河道后期进行运行管理。

五、工程实施

南京市外秦淮河(七里街段)位于秦淮区东水关附近,东水关是南京明城墙的两座明朝水关之一,是秦淮河流入南京城的入口,也是南京古城墙唯一的船闸入口,东水关是十里秦淮的"龙头"。河道起点位置就在东水关遗址公园的"古桥、古河、古墙、古闸"附近,因此,河道不仅仅具有排涝功能,也兼顾景观作用。因此,南京市外秦淮河(七里街段)治理既是水污染防治行动计划的要求,也是"人文秦淮"发展的需要,工程具有必要性和紧迫性。

工程于2017—2019年度实施完成,分为消除黑臭和水质提升两个阶段,第一阶段以治污为主,第二阶段以恢复水生态系统为主,工程总投资约5 000万元。工程实施后,河道从黑臭水体改善为Ⅳ类水及以上,并且通过滨水景观提升,贯通了沿河步道,提升周边百姓生活环境,获得了百姓的认可。

图 3.3-5 河道整治后照片

六、思考建议

1. 排涝河道水生植物种植的思考建议

外秦淮河(七里街)属武定门泵站排涝范围,泵站设计流量 50 m^3/s,排入河道为外秦淮河,当泵站强排时,平均瞬时流速约为 0.2～0.4 m/s,河道水深 2.5～3.5 m。设计需要考虑瞬时水流、水位条件等对水草系统的影响。

相关研究表明,当水体流速<0.1 m/s 时,水生植物生物量较高,物种多样性丰富,当水体流速在 0.1～0.9 m/s 范围时,水生植物生物量较低,物种多样性较少,而当水体流速>0.9 m/s 时,水生植物衰减。因此,水生植物的种植需重点考虑河道水体流速情况,避免因河道流速较大导致水生植物的凋亡,影响生态修复的效果。

水生植物分为挺水植物、浮叶植物和沉水植物,其中挺水植物和沉水植物对河道水体的水位有较为严格的要求。挺水植物的根深入土壤中,其茎、叶、花需露出水面,若因水位变化,挺水植物整株淹没于水面以下,将会导致挺水植物的凋亡。因此,在工程中选用挺水植物时,需结合河道水位变化和植物株高,选择适宜各类型的挺水植物生长的段落进行布置。植物的生长需光照以进行光合作用,而沉水植物整株位于水面以下,根扎入底泥,这就对河道水位的要求更加严苛。一方面光照强度随水深增加逐渐降低,而沉水植物生长需满足一定的光照强度,相关研究表明,光补偿深度(光合作用与呼吸作用平衡的水层深度)约为水体透明度的 1.5 倍,或光照强度约为表面光强 1%处的水深。另一方面,水体悬浮物极大地影响了水体透明度,减少了水体内部太阳辐射总量及有效光能,严重影响沉水植物的光合作用,再者,水体悬浮物附着于沉水植物表面将削减植物的光合作用。因此在布置沉水植物时,需对河道水位情况(常水位、洪水位、低水位等)进行详细分析,降低水位变化对所选沉水植物生长的影响。

外秦淮河(七里街)设计选取的主要建群种为矮型苦草,辅助建群种为红线草(龙须眼子菜),其均具有根系发达,叶片丝状细长,减少水流阻力,耐水流冲刷的特征。如漓江,其水流速度约为 2～5 m/s,在水流湍急处,也多以苦草及眼子菜科沉水植物为主要建群种。工程实施后,矮型苦草与红线草均种植成活。

2. 河道溢流污染的思考建议

河道经过黑臭、水质提升等整治后,基本实现了旱天污水不下河,但由于汇水范围内仍存在合流制截流溢流排水口,如河道右岸 R-06 排口等,当雨量达到一定程度,大量雨水包含污水产生溢流污染,从而造成河道水质在雨后出现波动。应推进截流设施溯源排查和整改,实施精准限流截流,避免简单粗放式大截流,严禁不加限制的、与污水系统直接连通式截流;对已完

图 3.3-6　苦草(左)、红线草(右)

成雨污分流改造的雨水管道进行排查分析,创造条件将雨水释放入河;针对影响较大雨水排口,要建立定期检查和清疏常态化保障制度,减少降雨冲刷污染入河,并合理规划布设调蓄和快速处理设施以应对降雨时的超量合流污水。

第四章

湖库水环境治理典型案例

本章选用南京市莫愁湖、赵村水库为例,介绍湖库水环境治理典型案例。

第一节 莫愁湖

一、湖泊概况

南京市莫愁湖位于建邺区莫愁湖公园内,是南京市重要湖泊之一。

莫愁湖公园是有着1 500年悠久历史和丰富人文资源的江南古典名园,公园面积58.36 hm²,园内楼、轩、亭、榭错落有致;堤岸垂柳、海棠相间,湖面荷莲飘香,碧波粼粼,风光如诗如画,素有"金陵第一名胜"之美称,是六朝古都南京怀抱中的一颗明珠。

莫愁湖的成因有两种说法,一种说法是吴孙权"缘淮筑堤"留下的低洼地带逐渐形成;另一种说法是长江古河道的遗留部分演变而成。现在倾向于第二种说法:六朝时期,长江自西向东沿着南京城的两侧流过,与东来的秦淮河之水在石头城下交融汇合,逐渐淤积成一片片沙滩。后来长江改道西移,淤积的沙滩又逐渐扩展,其秦淮河的出口处也向西北方向逐渐推移,在这里留下了一些湖泊池塘。莫愁湖就是位于当时秦淮河和长江交汇处废河道上的一个湖泊,南唐时称横塘。因其傍依古石头城,故又称"石城湖"。

莫愁湖属于浅水湖泊,形似三角形,东西向最长约0.77 km,南北向最宽约0.69 km,总周长约2.62 km,水陆面积约0.6 km²,湖面面积约0.32 km²,

常年水位控制在 5.5～6.0 m(常水位 5.8 m 左右),平均水深约 2.2 m,湖体容量 73 万 m³。湖体南部、西北部为浆砌石驳岸,东部、北部为生态驳岸,木桩护岸,同时种植芦苇、水杉等水生植物。

莫愁湖位于外秦淮河西侧,历史上莫愁湖与外秦淮河的下游水系有连通,即通过地下箱涵进行水力交换。21 世纪初,随着周边城市开发建设,地下连通箱涵被封堵,莫愁湖与外秦淮河的连通受阻,使其无法与外秦淮河水进行交换,因而也使其丧失了应有的调蓄、净化外秦淮河水的功能。莫愁湖无入湖河流,未设置引补水设施,水源补给仅靠降雨。莫愁湖东南侧(建邺路与莫愁湖东路交叉口)建有莫愁湖雨水泵站,汛期通过泵站抽排水至外秦淮河控制湖泊水位,泵站排涝规模 0.5 m³/s。

莫愁湖主要功能为景观水域和非直接接触的娱乐用水,湖上设置码头通行游船,且每年举办龙舟赛事,已无调蓄能力。

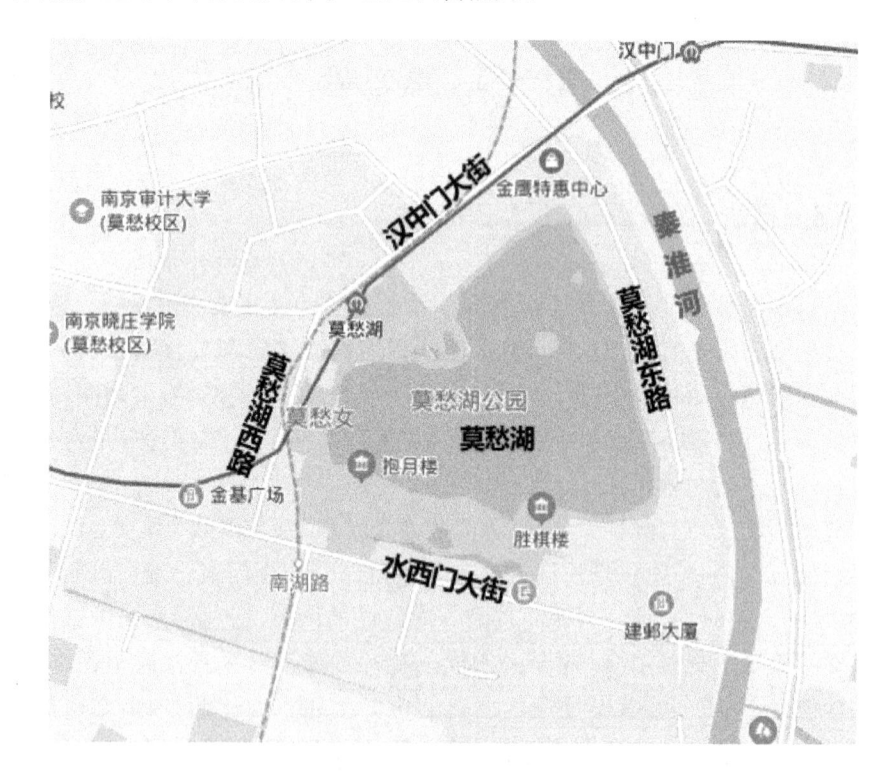

图 4.1-1　莫愁湖区位图

图 4.1-2 整治前现场照片

二、调查分析

1. 水环境质量评价

莫愁湖水质目标为地表水环境质量Ⅳ类标准。2020年1月、5月5日、5月11日、5月28日分别在湖区采集6组水样,依据《地表水环境质量标准》(GB 3838—2002)及环保部办公厅2011年3月发布的《地表水环境质量评价办法(试行)》,采用单因子评价方法对湖泊水体进行评价。经分析,整治前,莫愁湖主要污染指标为总氮、总磷、叶绿素,其总氮春季明显较高,为劣Ⅴ类,冬季为Ⅳ类;总磷春季明显较高,为劣Ⅴ类,冬季为Ⅴ类;叶绿素冬春季均较高,且5月份发生小范围水华,存在明显富营养化状态,经计算,莫愁湖的综合富营养化指数为61.17,表明整个湖区处于中度富营养化状态。

表 4.1-1 莫愁湖水质监测结果(2020年1月)

序号	采样点名称	温度/℃	溶解氧DO/(mg·L^{-1})	叶绿素Chl/(μg·L^{-1})	TN/(mg/L)	DTN/(mg/L)	TP/(mg/L)	DTP/(mg/L)	COD$_{Mn}$/(mg/L)
1	MCH01	9.458	12.39	37.3	1.312	0.540	0.150	0.025	6.846
2	MCH02	9.471	12.45	40.37	1.269	0.652	0.141	0.025	6.846

续表

序号	采样点名称	温度/℃	溶解氧DO/(mg·L^{-1})	叶绿素Chl/(μg·L^{-1})	TN/(mg/L)	DTN/(mg/L)	TP/(mg/L)	DTP/(mg/L)	COD$_{Mn}$/(mg/L)
3	MCHO3	9.579	13.17	39.57	1.334	0.527	0.148	0.022	7.000
4	MCHO4	9.567	13.11	37.37	1.310	0.516	0.158	0.022	7.308
5	MCHO5	9.476	12.84	41.21	1.304	0.549	0.141	0.023	7.154
6	MCHO6	9.439	12.68	38.61	1.298	0.519	0.140	0.022	7.000
Ⅳ类			3	—	1.5	—	0.1	—	10
Ⅴ类			2	—	2.0	—	0.2	—	15

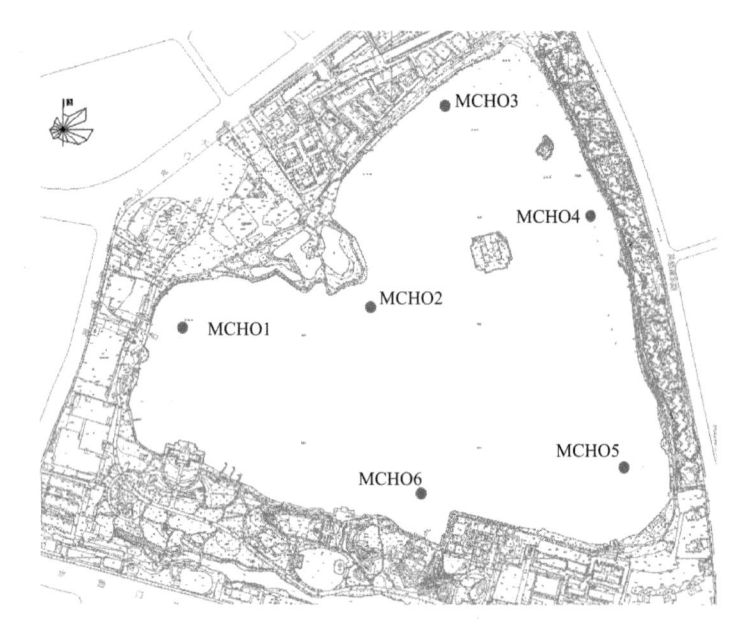

图 4.1-3 水质监测采样点位图

2. 污染源调查与分析

莫愁湖污染源调查范围为莫愁湖汇水范围,约 3 km^2。2016—2020 年,莫愁湖已实施南片区雨污分流改造工程、北片区雨污分流改造工程、湖体水质提升——清淤及生态修复工程等工程整治,为进一步水环境治理奠定了基础。经过调查,莫愁湖污染源主要有点源、面源、内源三类。

(1) 点源污染

通过雨污水管网现状分析,走访和现场勘查,莫愁湖周围的点源污染主要为生活污水,整治前已开展截污纳管工程将污水引入污水处理系统进行规模化处理,且在莫愁湖东侧已沿湖岸建立柔性围隔(采用双面 PVC 高强防水布,间隔 5～10 m 用镀锌钢管固定)用于隔离渗漏区域污水,但围隔之外仍存在一定渗漏入湖现象:东部沿岸临近万科小区与南部沿岸存在生活污水渗漏排至莫愁湖的情况,有明显管涵排口排入的有万科北排口、南排口、新发现排口、牌坊街排口,有明显渗漏的有北侧渗水点与东岸中段渗水段、水杉林渗水段等。

图 4.1-4　冬季漂浮蓝藻　　　　图 4.1-5　蓝藻水样

对排口、散排污水以及疑似散排点附近水域进行采样分析,结果显示:万科北排口截污井及排口附近水质达到《地表水环境质量标准》(GB 3838—2002)Ⅴ类标准;望月平台附近新发现排口,排出水质较差,其中 TN、TP 含量远超《地表水环境质量标准》(GB 3838—2002)劣Ⅴ类标准;现状围隔内外水质有稍许差异,围隔外水质较围隔内稍好;水杉林附近未看到明显污水散排点,但水体 TN、TP 含量超标,达《地表水环境质量标准》(GB 3838—2002)劣Ⅴ类标准,可证明该处存在生活污水自水下渗入湖中的情况。

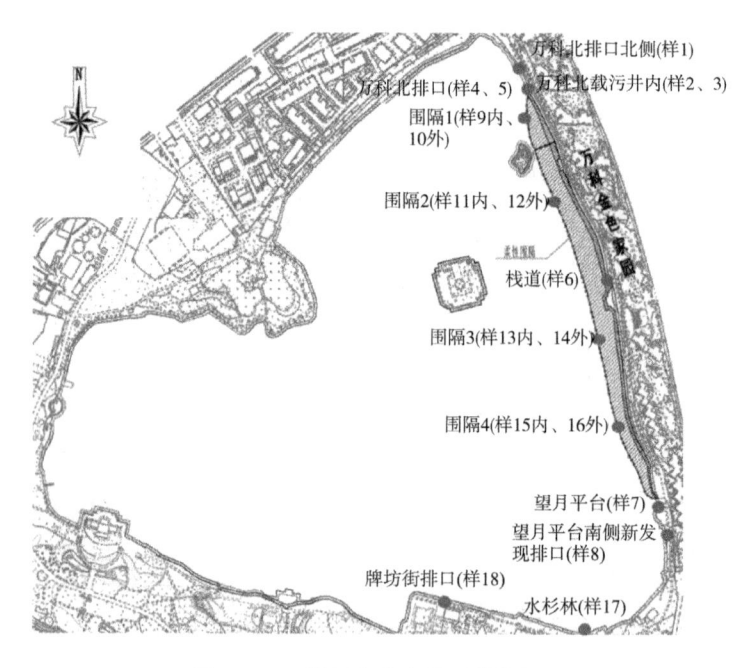

图 4.1-6　排污点分布及采样位置图

（2）面源污染

面源污染主要是以降雨引起的雨水径流的形式产生,径流中的污染物主要来自雨水对河流周边道路表面的沉积物、无植被覆盖裸露的地面、垃圾等的冲刷,污染物的含量取决于城市河流的地形、地貌、植被的覆盖程度和污染物的分布情况。城市面源污染主要为初期雨水地表径流污染,其主要污染物为:NH_3-N、TN、TP,参考《城市面源污染的控制原理和技术》(尹澄清等,中国建筑工业出版社,2009)和土地利用类型等情况,确定水体周边地表径流中主要污染物综合排放系数分别为 TN-3.2 mg/L、TP-0.11 mg/L,则莫愁湖水体周边地表径流入湖负荷量分别为 TN-153.6 kg/a、TP-5.28 kg/a。与此同时,大气沉降污染物中也包含了 TN、TP 等,借鉴国内学者杨龙元、秦伯强等人对太湖流域大气湿沉降的研究数据,大气湿沉降的污染物输入量估算为 TN=1361.6 kg/(km² · a),TP=68.1 kg/(km² · a),湖区和湿地区水面面积为 32 万 m²,估算年大气湿沉降污染输量分别为总氮 435.7kg,总磷 21.79 kg。

表 4.1-2　排污点水质检测数据(2020 年 1 月)

序号	采样点位置	采样点名称	TN/(mg/L)	TP/(mg/L)	COD$_{Cr}$/(mg/L)
1	万科北排口北侧	样 1	0.884	0.182	16.55
2	万科北截污井	样 2	1.348	0.178	13.54
3		样 3	1.296	0.192	16.55
4	万科北排口	样 4	1.504	0.172	21.07
5		样 5	1.346	0.166	31.6
6	栈道	样 6	0.904	0.084	42.03
7	望月平台	样 7	4.742	0.3	24.06
8	望月平台南侧新发现排口	样 8	7.562	0.55	27.09
9	现状围隔	样 9 内	1.242	0.11	43.64
10		样 10 外	1.162	0.098	45.14
11		样 11 内	1.238	0.126	28.59
12		样 12 外	1.136	0.09	30.1
13		样 13 内	1.066	0.104	22.57
14		样 14 外	1.054	0.088	37.62
15		样 15 内	1.112	0.098	25.58
16		样 16 外	2.24	0.196	22.57
17	水杉林	样 17	4.388	0.342	19.56
18	牌坊街排口	样 18	1.19	0.076	21.07

(3)内源污染

内源污染主要来自于底泥的污染释放,释放的氮磷将加剧水体富营养化程度。莫愁湖入湖淤积主要来自环湖周边建设开发、雨水冲刷、管网排湖等,因多年淤积而形成湖体污染物累积。2018 年,南京市建邺区针对莫愁湖淤泥堆积的情况进行了清淤疏浚工程,清淤量约 36 万 m^3,大大解决了莫愁湖多年积累的内源污染问题。清淤后,莫愁湖底常年形成的稳定的泥水界面被打破,存在向上覆水继续释放营养物质的可能。通过采样观察底泥样本,发现底泥中上层含黑色物质,说明底泥中含有污染物质。表层未见黑色物质,原因可能是表层污染物已经逐步氧化,释放入水中。2019 年 12 月中旬对底泥中氮磷释放速率进行实验室测试,通过实验可知,在相同外界条件下,由于莫愁湖底泥中污染物含量较高,污染物释放速率远高于正常湖泊底泥释放速率。

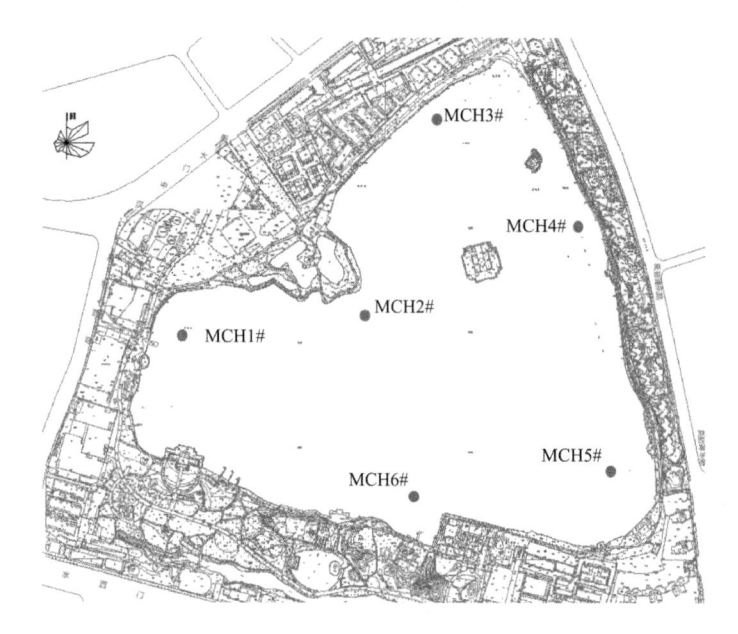

图 4.1-7 底泥采样点位图

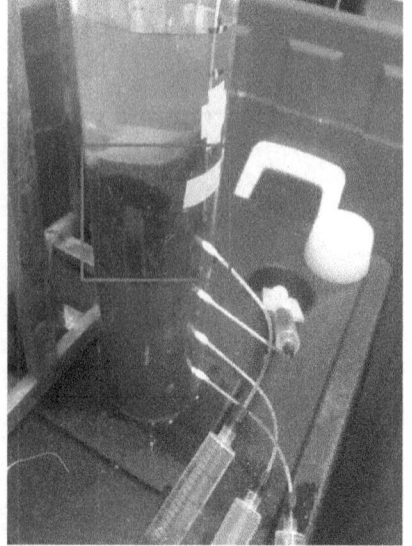

图 4.1-8 底泥样本

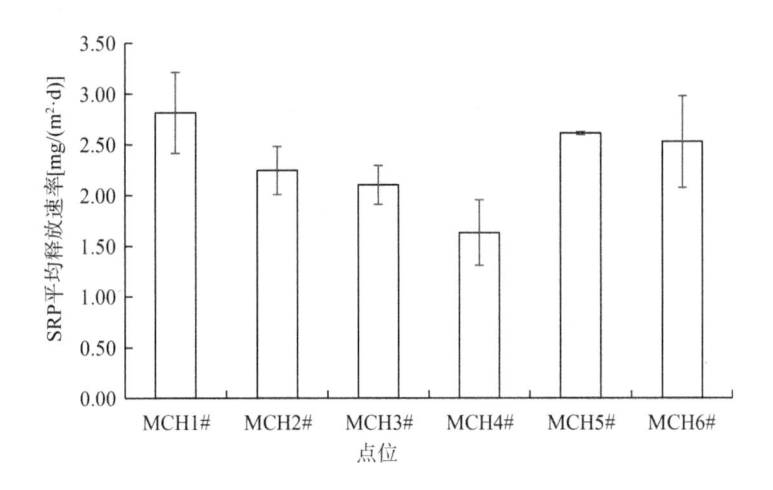

图 4.1-9　SRP 平均释放速率

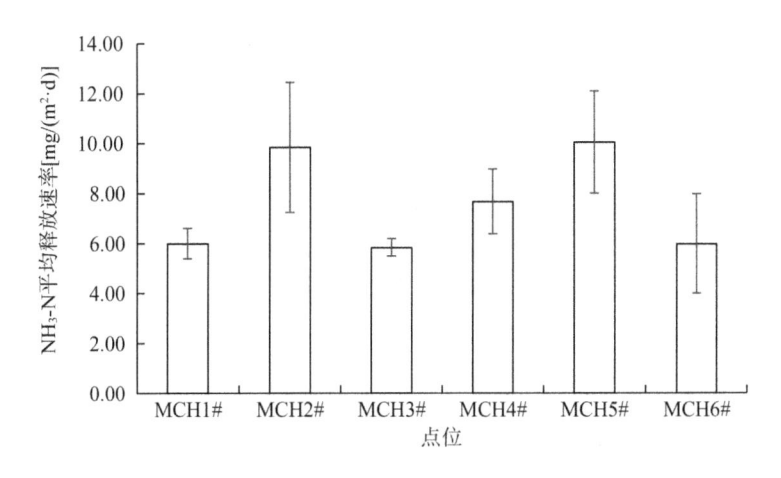

图 4.1-10　NH$_3$-N 平均释放速率

3. 生态本底调查与分析

莫愁湖公园内植物种类丰富,景观优美,尤其是春天,莫愁湖的海棠盛景已是南京最有特色的景观之一。公园根据绿地不同的地貌条件,选择不同生长习性的植物,做到了植物群落配置的科学性,如在湖边沿岸以水生植物为主,如菖蒲及荷花等,并根据水位的高低选择具有不同耐性的植物种类;在树荫和建筑阴凉处种植麦冬、常春藤等喜阴地被,来覆盖原本裸露的土壤表面,不仅丰富了地表景观,还提高了公园的绿地率;公园荷花池旁的假山处种植龙舌兰、南天竹等耐旱植物。根据调查,莫愁湖公园植物种类共约 257 种,其中陆生植物约 81 科 193 属 235 种,禾本科、蔷薇科为优势树种,数量优势种有木本海棠、荷花、构树、樟树等,植物种类仅次于玄武湖公园。

2015 年对莫愁湖水生植物调查显示,挺水植物有 3 种,湿生植物有 8 种,漂浮植物 1 种,沉水植物 1 种,浮叶植物 1 种。沉水植物生物量很少。

根据调查,2019 年实施完成建邺区莫愁湖湖体水质提升——清淤及生态修复工程,该工程清淤后对水体进行了水生植物的种植,但是种植面积较小,为 4.82 万 m^2,且多以黑藻和狐尾藻品种为主,后期缺乏调控,又进行了集中收割。莫愁湖水体中生物量较小,整个水体呈现的依然是藻型湖泊生态系统,且在湖区岸带已经发现蓝藻,可以预见莫愁湖暴发蓝藻水华的可能性非常大。

表 4.1-3　2015 年莫愁湖水生植物一览表

生活型	科名	属名	种名
挺水植物	禾本科(Poaceae)	芦苇属(Phragmites)	芦苇(Phragmites australis)
	鸢尾科(Iridaceae)	鸢尾属(Iris)	黄菖蒲(Iris pseudacorus)
	莲科(Nelumbonaceae)	莲属(Nelumbo)	莲(Nelumbo nucifera)
浮叶植物	睡莲科(Nymphaeaceae)	睡莲属(Nymphaea)	睡莲(Nymphaea tetragona)
漂浮植物	槐叶蘋科(Salvinaceae)	满江红属(Azolla)	满江红(Azolla pinnata subsp. asiatica)
沉水植物	眼子菜科(Potamogetonaceae)	眼子菜属(Potamogeton)	菹草(Potamogeton crispus)
湿生植物	毛茛科(Ranunculaceae)	毛茛属(Ranunculus)	石龙芮(Ranunculus sceleratus)
	蓼科(Polygonaceae)	酸模属(Rumex)	羊蹄(Rumex japonicus)
	唇形科(Lamiaceae)	紫苏属(Perilla)	紫苏(Perilla frutescens)
	禾本科(Poaceae)	看麦娘属(Alopecurus)	看麦娘(Alopecurus aequalis)
	禾本科(Poaceae)	早熟禾属(Poa)	早熟禾(Poa annua)
	酢浆草科(Oxalidaceae)	酢浆草属(Oxalis)	酢浆草(O. corniculata)
	鸢尾科(Iridaceae)	鸢尾属(Iris)	德国鸢尾(I. germanica)
	天门冬科(Asparagaceae)	山麦冬属(Liriope)	山麦冬(Liriope spicata)

4. 问题分析

经过调查分析,莫愁湖水环境存在的主要问题如下:

(1) 湖泊存在污染,水质不稳定。莫愁湖存在沿岸污水渗漏入河、城镇地表径流污染、底泥内源污染释放较严重等污染问题,湖体处于中度富营养化状态,湖泊水质不能稳定达标。

(2) 湖泊生态系统结构不完善,自净能力差。莫愁湖沉水植物生物量低,整个水体呈现的依然是藻型湖泊生态系统,且在湖区岸带已经发现蓝藻,湖体内缺乏初级生产力,生态系统结构不完善。且湖泊为封闭水体,无入湖河流,未设置引补水设施,水源补给仅靠降雨,汛期通过莫愁湖雨水泵站抽排水至外秦淮河,非汛期基本不流动,水体自净能力差。

三、目标策略

针对莫愁湖存在的问题,遵循"系统性、生态性、科学性、针对性、经济性"等原则,提出以下治理目标:

湖体水质须达到《地表水环境质量标准》(GB 3838—2002)地表水Ⅳ类标准(湖、库);恢复湖泊原有的自然生态系统,实现项目水域的生态系统完整性,湖面无明显藻类堆积,无藻华现象;水体透明度平均达 70 cm,待生态系统稳定后不低于 1.1 m。

为实现以上目标,从污染源治理、水生态系统构建两方面进行了工程设计。

四、措施设计

1. 污染源治理

(1) 现有围隔改造:莫愁湖东侧从万科北排口到望月平台北侧已沿湖岸建立柔性围隔用于隔离渗漏区域污水,但根据现场调查,万科北排口北侧存在渗漏点,望月平台南侧存在渗漏点,均需采用围隔进行拦截;现状围隔距离岸边 24~30 m,占据空间较大,影响整体美观,且造成浪费。莫愁湖南岸牌坊街排口与水杉林进行了截污改造工程,经现场勘查发现,莫愁湖南侧水系与莫愁湖主湖区连通口处、牌坊街排口处及截污井段还存在污水渗漏。针对以上问题,改造现有围隔,将现有围隔距岸宽度由 24~30 m 调整至 15~20 m,减少围隔内面积,同时增加围隔隔离岸线的长度:

① 新增围隔 1:万科北排口北侧(包含散排点)至管涵北侧 50 m;
② 新增围隔 2:新发现排口至排水管涵 32 m;
③ 新增围隔 3:南岸南侧水系入口至截污井段 140 m。

图 4.1-11 围隔改造与新建示意图

（2）原位三相水质净化：当进入水体的污染物已经被建立的围隔阻止继续扩散，此时通过水下治理措施可净化围隔内受污染水体。根据污水排入流量及水质情况，在主要排口处采用原位三相净化系统进行处理。该系统包括载体、挺水植物、填料和曝气系统，综合利用植物与微生物的作用将围隔截留下来的污水进行原位净化。根据排口排水量，在新发现排口、万科南排口、牌坊街排口布设三处原位三相净化系统，面积共计 872 m^2。其中，南岸220 m^2，东岸中段 420 m^2，东岸南段 232 m^2，以强化净化雨季出现的雨污合排情况。

（3）内源治理：考虑到近年莫愁湖刚刚完成清淤疏浚，设计采用 X-SWI-Ⅱ天然泥水界面靶向阻断材料阻挡底泥中氮磷营养盐的释放，同时吸收底泥中的磷。X-SWI-Ⅱ天然泥水界面靶向阻断材料可用于天然河流湖泊水体的原位修复过程，将材料用搅拌机与水充分混合后，在水面上均匀喷洒，使其自由沉降，即可将材料均匀覆盖在底泥之上，起到很好的阻隔效果，根据底泥阻隔实验的效果，设计 X-SWI-Ⅱ材料覆盖层厚度为 3 mm，在达到阻断效果的前提下具有较好的经济性。设计在湖区的南侧选取 3 000 m^2 面积设置跟踪示范区，投放 20 t 材料，投放密度约为 6.7 kg/m^2。

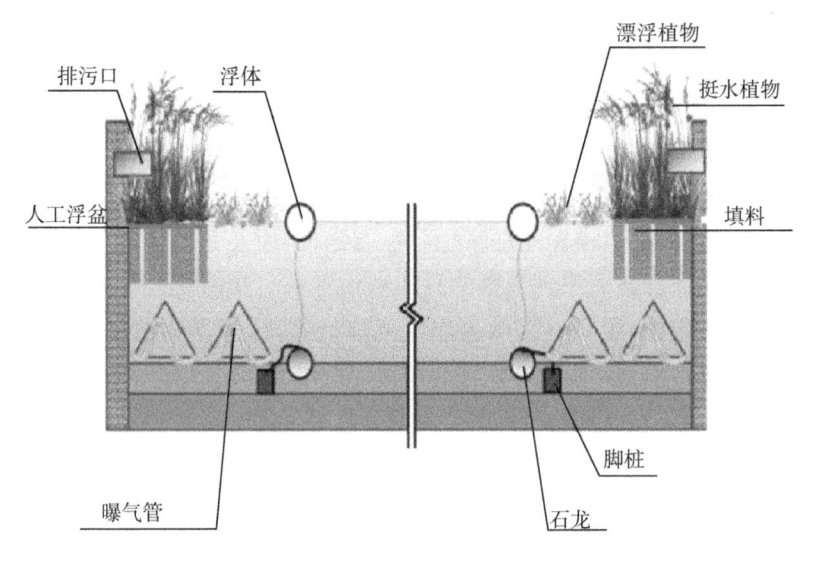

图 4.1-12　原位三相净化系统工艺示意图

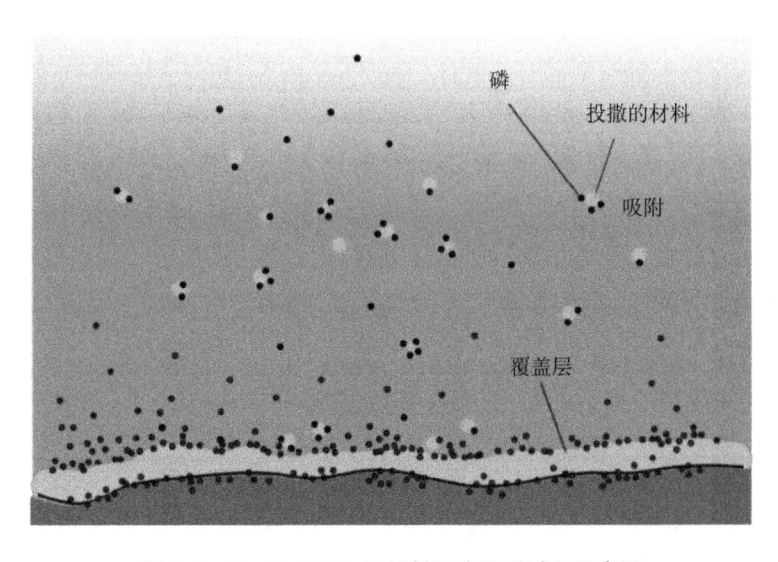

图 4.1-13　X-SWI-Ⅱ材料沉降吸附过程示意图

2. 水生态系统构建

采取"最大还原、最小干预"原则,在主湖区进行生态系统构建,以沉水植物群落构建为框架,辅以底栖动物与鱼类群落调控,使生物量能够平稳达到与藻类竞争关系,莫愁湖内的"藻型"浊水态湖泊生态系统逐步转化为"草型"

117

清水态湖泊生态系统,最终稳定实现水质目标。

(1) 水体透明度提升:水体透明度,即悬浮物质含量,直接影响水下光照强度,水体透明度高,光照在水下减弱得慢,所能到达的水层较深;反之,光照在水下减弱得快,所能到达的水层较浅,当水下光照减弱为水体表面光照的1%时,高等植物光合作用和呼吸作用相等,不能进行光合产物积累,此时,高等植物生命活动停止,植株死亡腐烂。也就是说,生态系统构建工程初期,人工湖水体透明度直接关系到栽植的高等植物是否可接受到足够的光照强度,是否可以顺利定植、生长。采用悬浮质沉降措施,即悬浮物浓度高引起水体透明度下降,施用悬浮物絮凝类药剂,其主要由铝盐、氯离子、多聚糖等配制而成(含量≥30%)。投撒密度暂定 30 g/m²,可根据实际情况进行调整。

(2) 湖区分割:莫愁湖全湖水面面积共计 32 万 m²,规模较大,为了高效构建水生态系统,采用柔性分割措施——生态膜与彩条布将莫愁湖分为 9 个分区,在每个分区中同步实施水生态系统构建工程,以便同步推进,降低系统构建难度。生态膜与彩条布同时布设在湖体中,其长度共计 3 153 m,上纲用浮球固定,下纲上卷形成石笼垂至湖底。分割工程措施在完成竣工验收且系统稳定后进行拆除。

(3) 野杂鱼转移:莫愁湖水体中存在较多的杂食性鱼类,其在水生态系统构建之初,直接威胁沉水植物群落的建群,因此,工程构建初期需实施野杂鱼转移工程,转移鱼类品种为鲫鱼、麦穗鱼等杂食性鱼类,保留肉食性鱼类与鲢鳙鱼。转移方法为实施鱼箥、丝网、迷魂阵(定制网)等各种方法高效捕鱼;其次经鱼类品种鉴定,将杂食性鱼类向外转移,将肉食性鱼类与鲢鳙鱼放回至湖区中。

(4) 沉水植物群落构建:根据莫愁湖区域气候、地质地貌以及周边区域情况,设计拟选用以下沉水植物品种,如苦草、黑藻、马来眼子菜、微齿眼子菜、狐尾藻、伊乐藻、金鱼藻等建立沉水植被混交群落,主湖区共种植 176 747 m²,加上已有项目实施种植沉水植物面积 48 200 m²,沉水植物的总面积共 224 947 m²,占主湖区湖面面积的 70%。根据湖体特点,施工时区域内分成若干个区进行沉水植物分批种植。莫愁湖北部及西部水深 1.5~2 m,东南部水深 2.5~3.5 m,北部和西部可大面积连片种植沉水植物,营造水下森林效果;东南部由于水深较高,部分区域作为不种植区进行自然恢复,主湖区恢复盖度为70%。种植区域中同步实施水位降低与水体透明度提升工程,水体透明度提升后方可种植,各群落种植时可根据季节与现场实际情况进行适当调整,包括品种部分替换与群落位置调整等。由于莫愁湖水域内运行龙舟与游船,因此后期维护中要及时收割沉水植物。

表 4.1-4 部分水生植物简介一览表

序号	名称	示意图	简介
1	黑藻		单子叶多年生沉水植物。广布于池塘、湖泊和水沟中。
2	苦草		多年生沉水植物,喜温暖,耐荫蔽。
3	伊乐藻		原产美洲,是一种优质、速生、高产的沉水植物。其营养丰富,可以净化水质,防止水体富营养化,有助于营造良好的水质环境。
4	马来眼子菜		多年生浮叶或沉水草本。根茎发达,白色,节处生有须根。是热带至温带分布种,它对环境波动有较高的耐受性。
5	微齿眼子菜		眼子菜科眼子菜属,多年生沉水草本,无根茎。功效同眼子菜,花果期6—9月。

续表

序号	名称	示意图	简介
6	狐尾藻		沉水草本，为欧亚大陆广布种，适应能力强，在各种水体中均能发育良好，属喜光植物，具有较高的光合作用速率。

(5) 动物投放：根据莫愁湖区域气候、地质地貌、周边区域情况及鱼类、大型底栖动物的特性，补投以下鱼类品种：主湖区设置两个投放点全湖投放，黄颡鱼 1 600 尾，乌鳢 2 140 尾，鲈鱼 1 600 尾，鲇鱼 1 070 尾等杂食性鱼类、肉食性鱼类；南侧水系投放乌鳢 75 尾，黄颡鱼 56 尾；大型底栖动物选用腹足类（梨形环棱螺）、瓣鳃类（无齿蚌），投放面积为沉水植物种植区，主湖区投放梨形环棱螺 883 kg，无齿蚌 2 942 kg，南侧塘投放梨形环棱螺 45 kg，无齿蚌 134 kg。

(6) 优化调整：主要在湖区设置 6 个采样点每月进行水质监测与分析；对水生植物群落进行收割等管理；通过水生动物抓大放小等维持食物链稳定；优化调整各个生态结构，建立长效管护机制，维持莫愁湖生态系统长效稳定。同时考虑到莫愁湖"藻型"浊水态湖泊生态系统彻底扭转需要时间，为应对可能再次暴发的蓝藻，提出控藻应急方案，采用高效蓝藻除藻船、实施浮藻剂与人工打捞应对可能出现的蓝藻暴发。

五、工程实施

城市湖泊湖岸浅水区、湿地水草是鱼类繁殖栖息、昆虫密集、鸟类群居的重要场所，是城市生物多样性的重要基地，也可满足城市人群亲近自然的需求。2019 年 7 月，莫愁湖暴发蓝藻，富营养化严重，湖体部分监测点水质接近Ⅴ类甚至出现劣Ⅴ类，严重影响湖体的生态景观功能，为保障湖体水安全与水生态，实施莫愁湖水环境治理必要且迫切。

工程于 2020—2021 年度实施完成，工程总投资约 4 200 万元。工程通过湖区东岸、南岸排口及渗漏区域设置柔性围隔，与湖区形成软隔离；同时在万科北排口、新发现排口＋万科南排口、牌坊街排口布设三处原位三相净化系统,以强化净化雨季出现的雨污合排情况;随后选取主湖区南岸设置 3 000 m² 作为跟踪示范区投放 20 t 的 X-SWI-Ⅱ 天然泥水界面靶向阻断材料,形成厚度 3 mm 的隔离层,阻断沉积物间隙水中的溶解性磷酸盐向水中释放,实现污染源治理。通过在主湖区进行生态系统构建,以苦草、黑藻等沉水植物群落(主湖区恢复盖度为 70%)构建为框架,辅以底栖动物与鱼类群落调控,使生物量能够平稳达到与藻类竞争关系,莫愁湖内的"藻型"浊水态湖泊生态系统逐步转化为"草型"清水态湖泊生态系统,最终稳定实现水质目标。工程在建邺区重新打造出"蓝色湖泊"概念的清水型湖泊,工程实施后,湖区内生态系统多样性丰富、水体清澈、透明度提升,水质稳定达标地表水Ⅳ类标准(湖、库)。莫愁湖水质改善后,周边环境可大幅改善,幸福指数提升,将总体提升南京的城市形象。

图 4.1-14　工程实施后现场照片

六、思考建议

1. "草型"清水态湖泊生态系统构建的思考与建议

湖泊生态系统是流域与水体生物群落、各种有机和无机物质之间相互作用与不断演化的产物,与河流生态系统相比,流动性较差,含氧量相对较低,更容易被污染。湖泊生态系统由水陆交错带与敞水区生物群落所组成。湖泊生态系统具有多种多样的功能,包括调蓄、改善水质、为动物提供栖息地、调节局部气候、为人类提供饮水与食物等。湖泊生态系统受富营养化影响逐渐退化,服务功能严重受损。通过生态系统修复与构建,可将湖泊从浊水状态重新恢复到清水稳态。

莫愁湖水环境治理的主体措施是在莫愁湖湖区内建立以沉水植物为主体的"草型"清水态湖泊生态系统,对于莫愁湖水体,构建生态系统需同时改善湖区外部条件及内部条件。

(1) 外部条件的改善:现状莫愁湖东部存在截污管井,还有些许外界水体入渗,对莫愁湖水质造成污染。本项目设计在东部湖区进行控源截污,将污水用围隔控制在小范围内,并设计原位三相进行强化净化。

(2) 内部条件的改善:

①清淤完成后,新生沉积物-水界面向上覆水中释放氮磷等营养物质,对水体形成污染,设计采取生态净化措施,在水体中快速构建沉水植物群落,通过沉水植物根际效用在底泥界面形成生物阻隔,在不隔绝间隙水-上覆水交换的情况下,减少底泥氮磷向水体中释放,增加水体中氮磷向底泥中反向沉积。同时,在湖区中建立跟踪研究示范区,同步实施 X-SWI-Ⅱ 天然泥水界面靶向阻断材料,跟踪研究新型阻断材料对底泥改善的叠加效应。

②清淤后,莫愁湖平均水深达到 2.2 m,造成沉水植物成活率低以及第二年植物萌发率下降,生态系统构建时,同步实施水位降低与水体透明度提升工程。

③莫愁湖整治前,水体中存在较多的鲫鱼、麦穗鱼等杂食性鱼种,不利于沉水植物成活,设计实施野杂鱼转移工程。同时,补投鱼类和大型底栖动物等水生动物,构建完善的食物链。

④莫愁湖"藻型"浊水态湖泊生态系统彻底扭转需要时间,为应对可能再次暴发的蓝藻,需采取应急措施,蓝藻暴发期间迅速打捞蓝藻,保证湖面景观与生态工程的顺利实施,本方案设计了高效蓝藻除藻船、投放浮藻剂与人工

打捞相结合的措施。

2. 水生植物种植后优化调整的思考建议

水生植被恢复后,水体从以藻类为优势的浊水型转化为以水生植物为优势的清水型,生物多样性增加,水体的净化能力大大增强。但是,水生植被生长可能出现很多问题,如群落变化,挺水植物太多,影响水面价值;又如,某一种类取得优势后,抑制其他种类的发展,群落趋向单一,生物多样性降低,从而降低了整个生态系统的稳定性。除了在植被恢复时,根据恢复物种的特性,通过建立物理与生态障碍的方法,控制其空间扩展外,还需对水生植物进行科学管理,控制水生植物密度和优势度,保持群落稳定。通过制定水生植物生物量、空间分布和优势度的简易监测方法以及阈值,根据监测结果决定管理措施。常规管理主要是对水生植物进行收割,收割一方面能不断优化水生植物群落,另一方面能增加营养盐的输出。

(1) 大型水生植物监测:大型植物成为湖泊主要初级生产者后必须纳入生态系统监测,对大型水生植物的种类组成、主要种类分布、生物量等主要指标进行监控。根据监测资料,拟定管理方式,对生长较快的种类进行收割控制,对生长较慢或生长态势不好的种类及时疏密移植或补种。

(2) 沉水植物群落结构优化调整:生态系统的稳定主要是靠生物多样性来维持的,同样,沉水植物群落结构的稳定也是靠沉水植物的多样性来维持,只有沉水植物各种类生物量相差不大,净化效果较好、生物量可控制的品种生物量占有优势,沉水植物群落结构才能稳定发展,充分发挥提高透明度、改善水质的作用。莫愁湖清水型生态系统构建工程施工期,沉水植物群落为人为构建,但是由于生态系统自身的选择性发展,以及水体、底质、区域气候、风浪、水上活动的影响,沉水植物群落结构会发生演替,有可能会发生一种或几种沉水植物生物量占有绝对优势的情况,这种群落结构是不利于水体水质净化及生态系统稳定、长效运行的。所以,在清水型生态系统构建工程竣工后,必须根据实际情况,对沉水植物群落进行控制与优化升级,对沉水植物群落自然演替进行干预。干预沉水植物群落自然演替主要是依靠沉水植物的监测分析,以及对莫愁湖具体情况的掌握,制定出莫愁湖沉水植物群落演替干预机制,对某些沉水植物生物量加以控制,同时促进某些沉水植物生长。不同的沉水植物生长规律不同,为了保证莫愁湖水体沉水植物保持一定的覆盖度与生物量,必须对不同生长规律的沉水植物搭配进行调整。促进某些沉水植物生长主要通过沉水植物的补种或疏密移植实现。沉水植物生物量控制主要是通过沉水植物收割实现。

补种：根据不同的补种植物选择合适的栽种季节，以及根据莫愁湖沉水植物具体生长状况确定需补种的品种以及生物量，以保证莫愁湖沉水植物的成活率、覆盖度及生物量。

收割：植物群落具有良好的自我维护性，在环境条件合适的情况下，植物会自然地蔓延到未播种的地方，也会从那些环境压力较大的地方迁移。为了控制植物的蔓延范围，防止植物衰亡造成二次污染，需要不定期对相应沉水植物进行收割。

(3) 水生植物的病虫害防治与管理：对清水型生态系统构建区域内的水生植物进行长期监管，及时预防病虫害，保障及提高植物的成活率。秋季可适当对植物进行分株和移植，避免植物过度繁殖而使空间显得拥挤，对局部区块进行及时调整和改进也是一个非常基础的日常维护工作。水生植物种类应用较多、景观要求较高的区块采用顺序收割，收获地上部分，以防止植物残体落入水中腐烂造成污染。在植物枯败前，收割、打捞植物或者叶片，防止出现二次污染。因为死的植物残体会随水流动，严重影响景观，这种情况在秋季尤明显。同时，滞留在水中的植物残体会分解产生大量的氮、磷及有机物等，使水体水质变差。

(4) 水生植物的利用：水生植物比较可行的利用方法是养殖鱼类。黑藻、苦草、微齿眼子菜等都是养殖鱼类特别是草鱼的良好饲料。草鱼在市场上的价格较高，生长速度较快，是较好的养殖对象。为有效利用莫愁湖水生植物资源，加快营养盐的输出，增加莫愁湖的自净能力，在水生态系统构建的同时，将莫愁湖周边开发成以养殖草食性鱼类为主的养殖基地，可以增加一定的经济效益。

第二节　赵村水库

一、水库概况

赵村水库位于南京市江宁区横溪街道东南部的许呈、横山社区境内，秦淮河支流横溪河上游，南临横山山脉。赵村水库1957年开工建设，1959年春大坝合龙蓄水,为小型水库,后经 1964 年至 1967 年续建,工程达到设计标准,1997 年,江苏省水利厅以苏水管〔1997〕92 号文批复赵村水库升级为中型水库,2004 年 9 月起实施除险加固工程,2005 年 6 月主体工程完成并投入运行,2007 年 5 月全面竣工,并顺利通过省级竣工验收。赵村水库现为省一级水利工程管理单位,以赵村水库为主体的蟠龙湖水利风景区于 2011 年 6 月通过省级水利风景区验收,2013 年被批复为江苏省第三批 23 个集中式饮用水水源地之一,注明为备用水源地。赵村水库为区域防洪、灌溉、生态等发挥了巨大效益,有力地促进了国民经济和社会的发展。

赵村水库集水面积 18.32 km², 主要入库河流长 1.38 km, 比降为 120/10 000, 总库容 1 034.2 万 m³, 兴利库容 638.3 万 m³, 死库容 121.2 万 m³。校核水位 34.96 m(吴淞高程,下同),设计水位 33.97 m,兴利水位 33.0 m,汛限水位 32.5 m,死水位 25.3 m。主坝位于库北,全长 500 m,坝顶高程 36.3 m,坝顶宽 7.0 m,最高坝高 16.3 m,挡浪墙墙顶高程 37.0 m。

赵村水库属低山丘陵区,水库上游大部分为山丘区,蓄水工程少,集流时间段,洪水涨落快。水库东西两侧紧邻山体,南侧有部分缓坡冲田,并有四条河道入库,根据支流地理位置,划分为西南上支、西南下支、南支和东南支,其中西南上支自马鞍山境内流入。水库周边散布有许家甸、杨家甸、大阳岗、许呈等村庄。

表 4.2-1　赵村水库工程特性表

水库名称	赵村水库	曾用水库名称	
工程规模	中型	工程等级	Ⅲ
高程基准面	青岛基面		
所在省(自治区、直辖市)	江苏省	所在市(州、盟)	南京市
所在县(区、市、旗)	江宁区	所在乡(镇)	横溪街道
所在流域水系	秦淮河流域	所在河流	横溪河
建设时间	主体工程开工	1957 年 11 月	
	下闸蓄水	1959 年 4 月	
	竣工验收	1960 年	
最近一次加固改造	主体工程开工	2004 年 9 月	
	下闸蓄水	2005 年 6 月	
	竣工验收	2007 年 5 月	

续表

水文特性		当前工程安全类别		A级	
		水库功能		防洪、灌溉、城镇供水、水产养殖、综合利用等	
		坝址以上控制流域面积(km²)	18.32	坝址以上多年平均径流量(亿 m³)	0.062 7
		干流长度(km)	7.38	干流比降(‰)	12.0
	设计	洪水标准(正常运用)(P=%)	2.00	校核 洪水标准(正常运用)(P=%)	0.1
		洪水总量(万 m³)	502.40	洪水总量(万 m³)	847.27
		洪峰流量(m³/s)	259.52	洪峰流量(m³/s)	412.92
水库特性		调节性能	年调节	库容系数	
		校核洪水位(m)	34.96	设计洪水位(m)	33.97
		正常蓄水位(m)	33.00	防洪高水位(m)	
	汛期限制水位(m)	前汛期	33.0	死水位(m)	25.3
		主汛期	32.5		
		后汛期	33.0		
		总库容(万 m³)	1 034	防洪库容(万 m³)	192.82
		兴利库容(万 m³)	636	死库容(万 m³)	121
		校核洪水位时最大下泄流量(m³/s)	191.23	设计洪水位时最大下泄流量(m³/s)	70
水库建筑物	大坝	坝顶高程(m)	36.3	泄洪闸 堰顶高程(m)	31.0
		坝长(m)	500	总闸孔净尺寸(m)	15.0
		坝顶宽(m)	7.0	消能方式	消力池
		最大坝高(m)		闸门形式	钢闸门
		挡浪墙顶高程(m)	37.0	闸门尺寸/数量	5.0×2.5 m/3 扇
		迎水坡坡比	1:3.0	启闭机型式/规格	2×80 kN 双吊点螺杆启闭机
		背水坡坡比	1:3.2		
	非常溢洪道		无	其他 防汛办公用房(m²)	820
				防汛仓库(m²)	500
	灌溉输水涵洞	结构型式	钢筋砼箱涵/钢筋砼圆形压力管	东涵/西涵	
		地基处理	不处理	东涵/西涵	
		洞身断面(宽×高)(mm)	1.2×0.8/φ0.5	东涵/西涵	
		涵底高程(m)	26.5/25.3	东涵/西涵	
		闸门型式	铸铁闸门	东涵/西涵	
		闸门尺寸/数量(mm)	1.2×0.8/0.8×0.8	东涵/西涵	
		启闭机型式/规格	80kN 螺杆式/80 kN 螺杆式	东涵/西涵	
		设计引用流量(m³/s)	1.0/0.76	东涵/西涵	

续表

工程效益	防洪保护对象	常合高速、横溪街道、禄口机场及耕地5.0万亩
	灌溉(×10⁴亩)	1.5
	水面养殖(t/a)	无
	旅游	
	……	

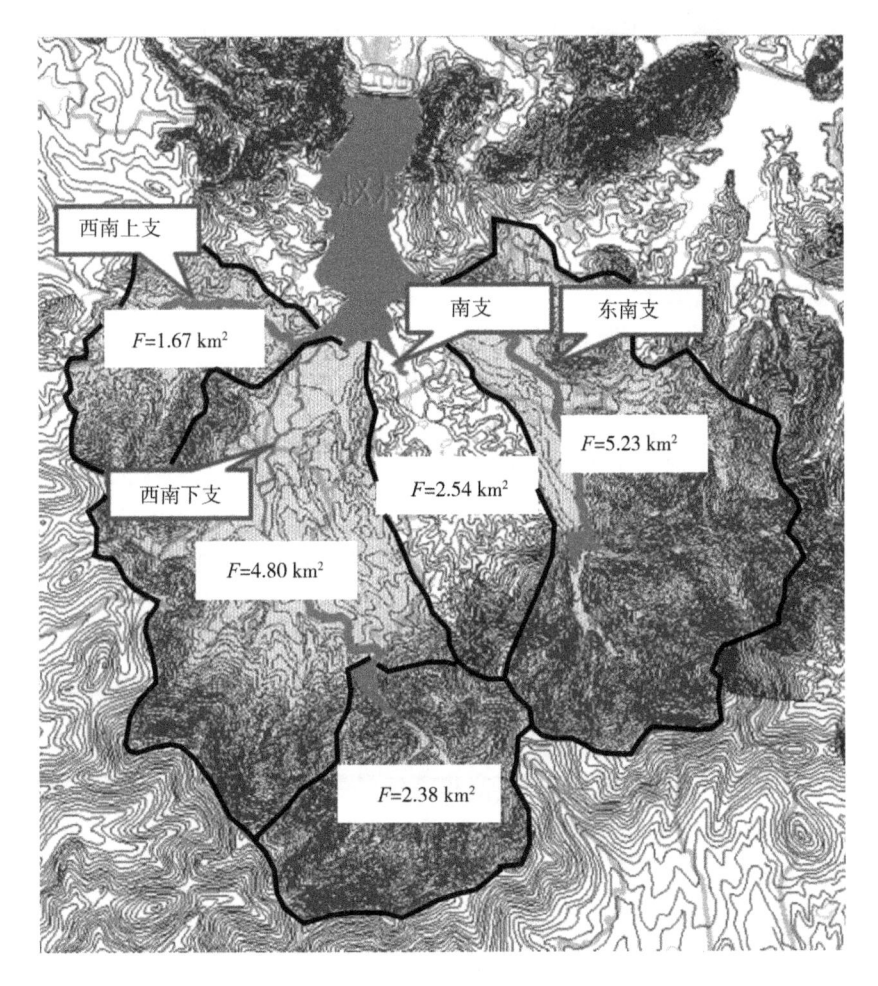

图 4.2-1　赵村水库流域水系图

图 4.2-2　赵村水库现场照片

二、调查分析

1. 水环境质量评价

（1）水库及入库支流水质

赵村水库作为南京市集中式饮用水水源地（备用），其水质应稳定达到Ⅲ类水标准。根据 2015 年南京市水资源公报和江宁区水质季报，赵村水库水质均为Ⅲ类水，已达到水质目标。为深入调查水库水环境质量情况，于 2015 年 12 月—2016 年 7 月每月中下旬对赵村水库库区及其入库河流开展水质监测。监测点位共布设 16 个，其中自上游入库河口到水库坝前布设 9 个流域水质监测断面，库区布设 7 个监测点。

① 水库水质

根据水库水质监测结果，赵村水库库区氮磷污染突出，监测期间总氮以Ⅳ类水为主，2015 年 12 月至 2016 年 7 月均处于 1.0 mg/L 以上；总磷处于Ⅲ类水，12 月份、7 月份水质最差，氨氮和高锰酸钾指数均处于Ⅱ类水，水质情况营养盐污染一般与农业、畜禽养殖和生活污染有关。

② 入库支流

根据入库支流水质监测结果，支流水质类别大多为Ⅴ类水，部分月份已达劣Ⅴ类，水质污染较为严重。

赵村水库流域内占半数以上的河流的 TN 处于Ⅴ类和劣Ⅴ类，TP 处于Ⅱ—Ⅲ类，而 DO、氨氮、COD 等指标一般都以Ⅰ—Ⅱ类为主，水质污染较为严重的因子为 TN 和 TP。流域内氮磷存在显著空间差异，总氮上中游污染均较

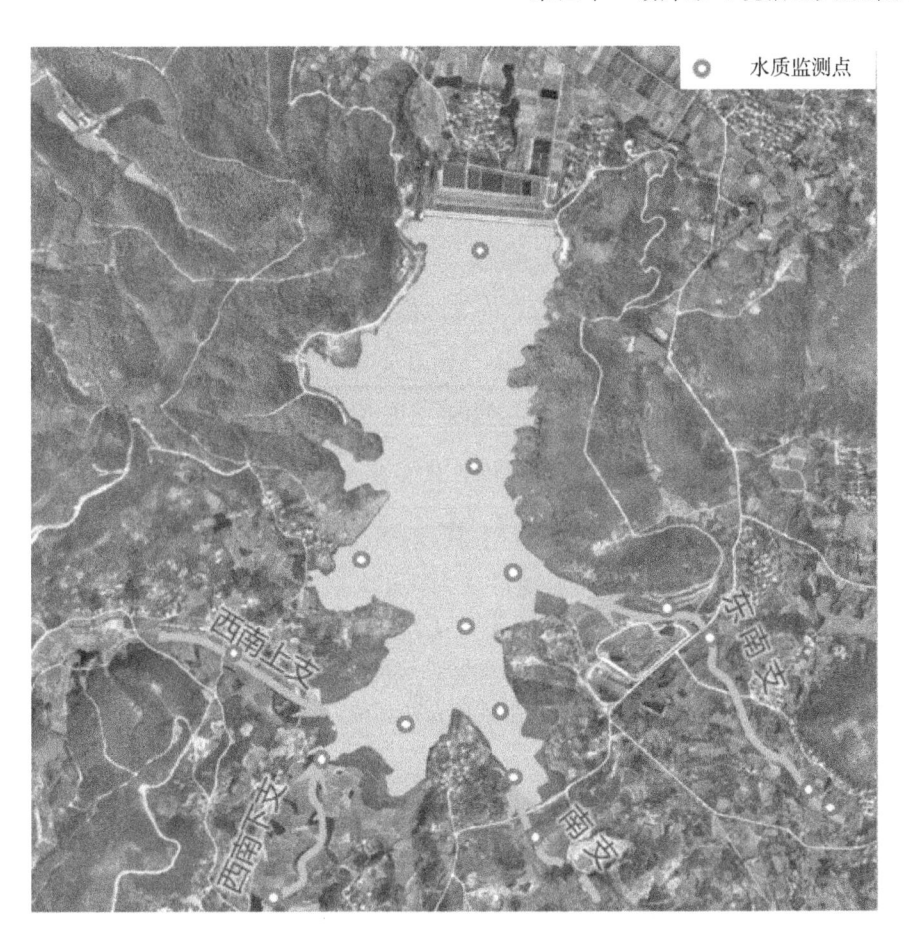

图 4.2-3　赵村水库及其入库支流水质监测点位布设图

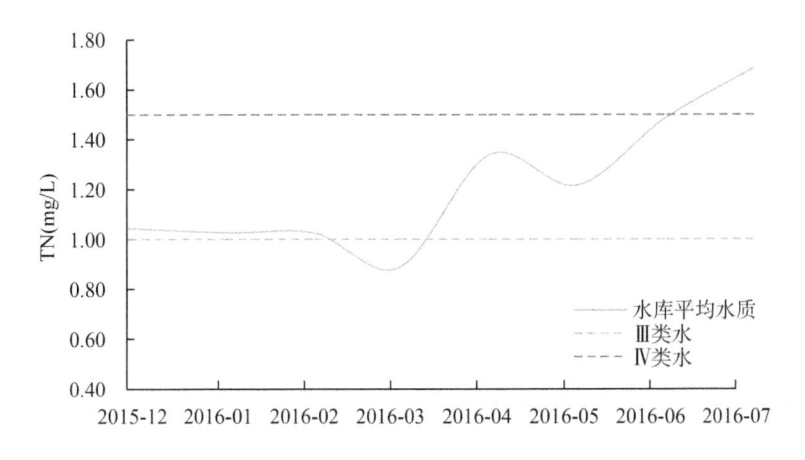

图 4.2-4　赵村水库库区 TN 浓度情况（平均水质）

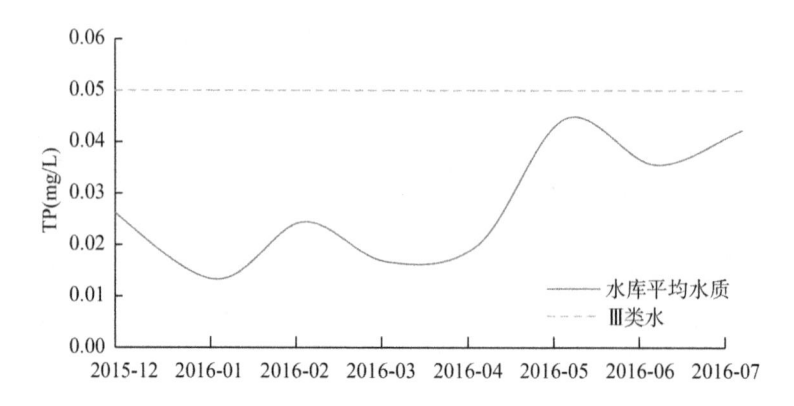

图 4.2-5　赵村水库库区 TP 浓度情况（平均水质）

为严重,河口 TN 污染下降了 50% 左右,说明河流和湖泊对氮污染有较大的降解潜力;TP 污染中游与河口地区较为突出。各支流沿程水质变化及河口 TN、TP 监测成果见图 4.2-6~图 4.2-9。

从已有的监测数据来看,氮磷营养盐污染是赵村水库的主要问题,流域污染高于水库库区。

（2）水库富营养化

水体富营养化评价是衡量水体是否富营养化的重要依据,收集江苏省水环境监测中心 2010 年 1 月—2014 年 12 月常规监测资料,采用《地表水资源质量评价技术规程》(SL 395—2007)中湖库营养状态评价方法对赵村水库进行营养化评价。通过计算分析,2010—2014 年 5 年来,水库处于中营养—轻

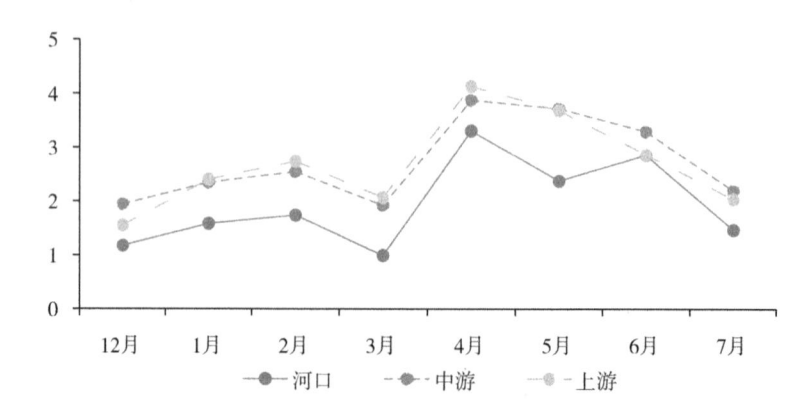

图 4.2-6　各支流沿程 TN 浓度情况

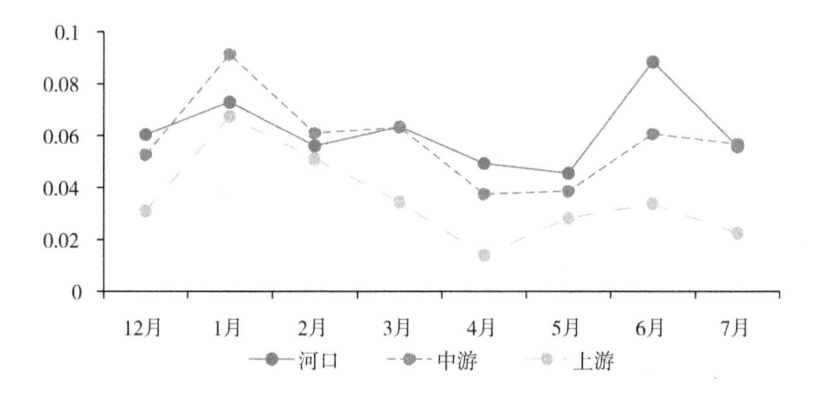

图 4.2-7 各支流沿程 TP 浓度情况

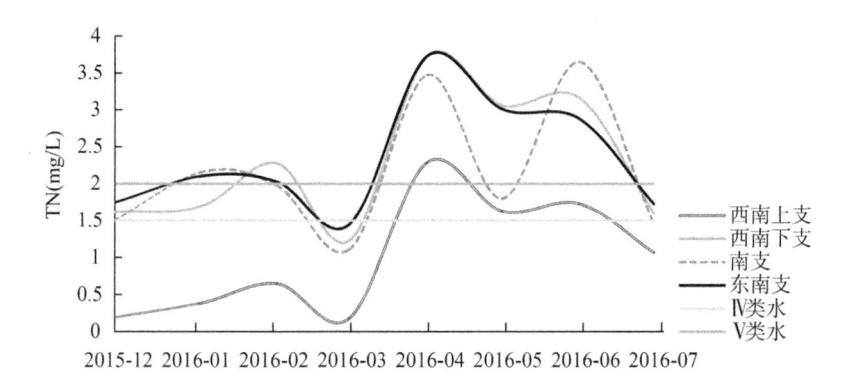

图 4.2-8 各支流河口 TN 浓度情况

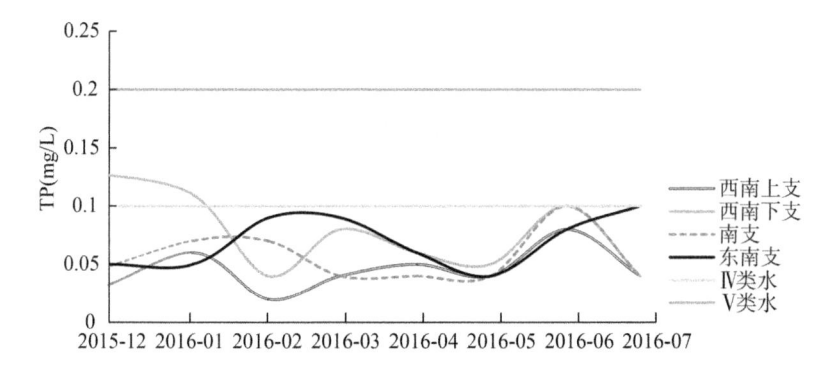

图 4.2-9 各支流河口 TP 浓度情况

度富营养化状态,水体富营养化率为 70.0%,富营养化水平较高,但总体上变化较为平稳,其中总磷含量较高为主要原因,需控制赵村水库的氮磷输入量。

2. 污染源调查与分析

赵村水库污染源调查范围为水库集水范围 18.32 km²。该流域范围内的陆域为丘陵地区,高处为山体和树林,中间低洼处散落着一些村庄、农田、小水塘。根据现场调查,赵村水库污染源主要为面源污染,包括农业面源污染、农村生活面源污染、水土流失面源污染等。

(1) 农业面源污染

施肥和农田排水是引起地表水污染的重要原因。尤其在我国一些地区曾大量使用低质化肥,如碳酸氢铵,这种氨肥极易溶解而被冲入水体中造成污染。另外,农田氮肥与磷、钾肥的施用不成比例,造成肥料的利用效率低,土壤中残留的大量氮、磷易随地表径流流失。氮和磷的流失率主要受降雨强度、施肥量、灌溉水量、土壤质地、植物覆盖度等因素的影响。大量研究表明,一个地区进入地表水体和地下水体中的氮、磷含量往往与施肥量成正比关系,施肥量越大,进入水体的氮、磷越多。赵村水库上游田地主要是稻田、菜地、茶叶、经济树林几部分,共约 1 000 亩[①],经估算农田约 800 亩,茶叶和经济树林约 200 亩,菜地较少,仅自家院落周围有零星分布,忽略不计。

农业面源污染物排放量按照其污染物流失量计算,计算时需考虑灌溉排水和径流的影响。

农业化肥流失量主要是指随降雨或者灌溉流失到水体中的量,主要污染物流失量的计算公式为:

$$W(t) = k_j(t) \times W_j(t)$$

$$W_j(t) = Q_j(t) \times S(t)$$

式中:$W(t)$——农田施用化肥中 j 种成分的流失量;

$k_j(t)$——成分 j 的流失系数,%;

$W_j(t)$——区域农业化肥中 j 种成分的施用量,kg;

$Q_j(t)$——化肥 j 种成分的施用强度,kg/亩;

$S(t)$——区域耕地面积,亩;

$j=1,2$,分别代表 TN、TP。

---

① 1 亩≈0.000 67 km²。

赵村水库流域内有效农田面积按 800 亩计算,根据以上数据计算出农田施肥折算的纯氮量为 12 040 kg/a,纯磷量为 3 000 kg/a。赵村水库流域内有种植茶叶和经济林的土地约 200 亩。施肥情况为:施氮磷水平中纯氮 12.5 kg/亩,纯磷 3.32 kg/亩。由此得出 200 亩茶叶及经济林施肥量中纯氮 2 500 kg/a,纯磷 664 kg/a。

赵村水库流域属北亚热带的过渡地带,雨水充沛,多年平均降雨量为 1 051.5 mm,年降水量多集中在 6—9 月份。综合以上因素,氮肥流失率采用 30%的保守量进行估算,磷肥流失率采用 15%的保守量进行估算。通过折纯计算,农业施肥总氮流失量为 4 362 kg/a,总磷流失量为 549.6 kg/a。

(2) 农村生活面源污染

农村生活污水主要包括厨房污水、洗衣污水、洗浴污水、化粪池污水等。由于生活污水处理方式是通过管网流入污水处理厂,所以有无管网是界定污染物排放的重要标准。赵村水库周边有 2 个行政村,处于赵村水库集水范围内约 2 000 人,由于有相当部分的村民外出打工,人口分散,常年居住的村民仅有一半左右,基本没有建设排污管网,生活污水的肆意排放,造成富含氮、磷等营养物质的污水通过塘、渠排入水库,或通过降雨形成的地表径流、淋溶作用、地下渗漏等方式进入水体,所以生活排污是非点源污染的重要来源之一。根据人均污水产生量及污染物流失系数计算农村生活污水流失量,公式如下:

$$W(t) = k(t) \times Q(t) \times M(t)$$

式中:$W(t)$——区域农村生活污染物流失量,kg;

$k(t)$——污染物流失率,%;

$Q(t)$——农村生活污染物的产生系数;

$M(t)$——区域农村人口,人。

调查统计表明,赵村水库周边农村每人每天用水量约 165 L,污水排放量以用水量的 90%计算,则每人每天排放的生活污水约 150 L,根据生活污水污染物年产生系数和流失率,计算出赵村水库周边地区生活污水中 TN 年产生量为 3 644 kg/a,TP 年产生量为 670 kg/a,TN 流失量为 802.4 kg/a,TP 流失量为 176.5 kg/a。

(3) 水土流失面源污染

土壤侵蚀是非点源污染的发生形式之一,泥沙本身是一种污染物,又是其他污染物的载体,泥沙量与污染物的发生量之间有一定的相关性。从流域中输出的氮、磷以两种方式进入水库,一种方式是由泥沙携带的吸附态污染物,它以泥沙为载体被输送到水体中;另一种方式是溶解态的污染物,这类污染物溶解在水中随地表径流进入水体。赵村水库处于丘陵区,山坡上主要长着树木,上游山坡凹地开垦较为广泛,主要为农田,因此流域内多为水土保持重点治理区,无重点预防区,小雨时水土流失并不严重,每逢较强降水,冲刷剧烈,水土流失较为严重。

赵村水库周边区域土壤侵蚀量运用修正的土壤流失方程计算,公式为:

$$U = 1.29 \times E \times K \times L_S \times C \times P$$

式中:U——土壤侵蚀量,t/(hm² · a);

E——降雨侵蚀因子,MJ · mm/(hm² · h · a);

K——土壤侵蚀因子,t · hm² · h/(hm² · MJ · mm);

L_S——地形参数;

C——植物覆盖因子;

P——土壤管理参数。

污染物流失量计算公式:

$$L = 1000 \times U \times A \times k$$

式中:L——土壤中污染物的流失量(kg/a);

A——土壤侵蚀面积(hm²);

k——土壤中污染物含量百分率(%)。

计算得出土壤侵蚀量(U)为1.46 t/(hm² · a),按土壤中氮、磷的平均含量(k)分别为0.156%和0.09%估算出氮、磷的流失量。赵村水库周边地区土地面积为67 hm²,土壤中每年总氮流失量为153 kg、总磷流失量为88.0 kg。

综上所述,赵村水库集水面积内污染物流失总量为总氮5.32 t/a,总磷0.81 t/a。

为进一步分析污染成因,对入库支流包括西南上支、西南下支、东南支进行污染物入河量分析。各支流污染物入河量计算公式如下:

$$W(t) = Q(t) \times \rho(t) \times 10^{-3}$$

式中:$W(t)$——支流污染物汇入量,kg

$Q(t)$——各支流径流量,m³;

$\rho(t)$——各支流污染物浓度,mg/L。

根据东山站 2000 年至 2015 年期间非汛期月降雨量的排频成果,在 $P=50\%$ 保证率情况下,东山站月降雨量为 53.3 mm。

根据《江苏省水文手册》秦淮河山丘区月降雨-径流关系曲线图(表),根据实际情况放大后推算得到各支流月径流量成果如下。

表 4.2-2　赵村水库各入库支流来水情况

支流名称	月降雨量/mm	月降雨-径流相关系数	月均径流深/mm	流域面积/km²	径流量/万 m³
西南上支	53.3	0.26	13.86	1.67	2.31
西南下支	53.3	0.26	13.86	4.8	6.65
东南支	53.3	0.26	13.86	5.23	7.25

根据计算成果,西南两支流平均来水量为 2 988.7 t/d,东南支平均来水量为 2 415.9 t/d。按来水中污染物浓度换算,则西南两支流来水中平均含 TN 4.04 kg/d,TP 0.23 kg/d;东南支来水中平均含 TN4.37 kg/d、TP0.17 kg/d。

表 4.2-3　赵村水库各入库支流污染物入库情况

支流名称	径流量/(m³/d)	TN 浓度/(mg/L)	TN 总量/(kg/d)	TP 浓度/(mg/L)	TP 总量/(kg/d)
西南上支	771.43	0.34	0.26	0.04	0.03
西南下支	2 217.28	1.71	3.78	0.09	0.20
东南支	2 415.91	1.81	4.37	0.07	0.17
总计	5 404.62		8.41		0.40

根据污染物流失总量情况及支流污染入库情况可知,西南两支流中 TN 总量占污染物入库总量的 27.7%,TP 占 10.4%;东南支流 TN 占 30.0%,TP 占 7.7%。由此可见,各支流污染物入库量占水库污染物总量比重甚高,是影响赵村水库水质稳定的重要因素。

3. 水文调查与分析

根据历史资料,水库历史最高日降雨量为 177.4 mm,非汛期平均月降雨量为 53.3 mm。根据水库多年报汛资料,水库运行出现的高水位有:1962 年水位 31.76 m;1969 年水位 32.11 m;1991 年水位 31.75 m;2016 年 7 月 7 日水库水位达到历史最高,为 33.19 m。赵村水库非汛期平均水位为 30.88 m,汛期平均水位为 31.63 m。

赵村水库水位、库容、面积、泄量见表4.2-4。

表4.2-4　赵村水库水位、库容、面积、泄量关系表

水位/m	库容/万 m³	面积/km²	泄量/(m³/s) $B=15$ m,堰顶高程 31.15 m
23.00	40	0.24	
24.00	70	0.32	
25.00	98	0.41	
26.00	132	0.50	
28.00	268	0.70	
29.00	344	0.81	
30.00	428	0.92	
31.00	520	1.03	0
31.50	580	1.14	5.02
32.50	695	1.28	38.04
33.50	830	1.41	87.36
34.50	970	1.53	148.69
35.00	1040	1.66	183.19
35.50	1102	1.79	220.01
36.00	1188	1.91	259.01

4. 生态本底调查与分析

赵村水库库区内少见水生植物，水生植物基本沿水库岸带生长。根据《赵村水库水体达标整治方案研究》，水库岸带原生植被种类较丰富，共观测到59种植物，隶属28科51属。按植物的生活型划分：漂浮植物5种，沉水植物3种，挺水和湿生植物16种；陆生草本和藤本植物24种，乔木和灌木11种。

根据水库岸带原生植被的优势种类组成、外貌特征和环境条件，大致可划分为以下几个主要植物群落类型：

芦苇群落：芦苇群落分布面积约30～120 m²，伴生种有喜旱莲子草、一年蓬、水蓼、红蓼、狗尾草、稗草等。

水蓼群落：建群种水蓼为一年生挺水植物，茎直立。伴生种有凤眼莲、喜旱莲子草、红蓼、酸模、一年蓬、茭草等。

喜旱莲子草群落：沿岸特别是水体营养程度较高的区域有该群落分布，伴生种有稗草、浮萍、紫萍、酸模、水蓼、一年蓬、盐麸木、峨参等。

大狗尾草群落：赵村水库岸带两侧该群落均有分布，伴生种有酸模、喜旱莲子草、打碗花、菊花脑、灰藜、野莴苣、野燕麦、短柄草、葎草、构树、乌蔹莓、香附子等。

葎草群落：赵村水库岸带自然岸坡有分布，伴生种很多，有构树、榉树、枫杨、乌桕、楝树、合欢、桑树、狗尾草、马唐、狗牙根、野莴苣、香附子、稗草、苘麻、一年蓬、芦苇、紫牵牛、臭椿、灰藜、酸模、喜旱莲子草、菊花、荻、海金沙、野燕麦、短柄草等。

一年蓬群落：沿赵村水库岸带均有分布，伴生种有喜旱莲子草、浮萍、紫萍等。

5. 问题分析

根据以上调查与分析，赵村水库水质虽然可达Ⅲ类水水质目标，但近5年水库处于中营养—轻度富营养化状态，水体富营养化率为70.0%，富营养化水平较高；各入库支流水质不容乐观，部分指标已超过Ⅴ类水标准，氮磷营养盐污染是赵村水库的主要问题，流域污染高于水库库区。赵村水库污染源主要为面源污染，包括农业面源污染、农村生活面源污染、水土流失面源污染等，各支流污染物入库量占水库污染物总量比重甚高，是影响赵村水库水质稳定的重要因素。

三、目标策略

针对赵村水库存在的问题，以保障水源地水质稳定，提升水资源保障程度为目标，开展赵村水库水生态保护与系统修复工程。

工程主要内容为水库支流河口人工湿地建设和水库生态修复带建设。

四、措施设计

1. 水库支流河口人工湿地建设

水库支流河口人工湿地建设包括2处，分别为西南两支流河口人工湿地和东支流河口人工湿地。西南人工湿地总占地面积21 538 m^2，东部湿地总占地面积为7 679 m^2。湿地建设利用库区周边现有浅滩，对局部地形进行改造，

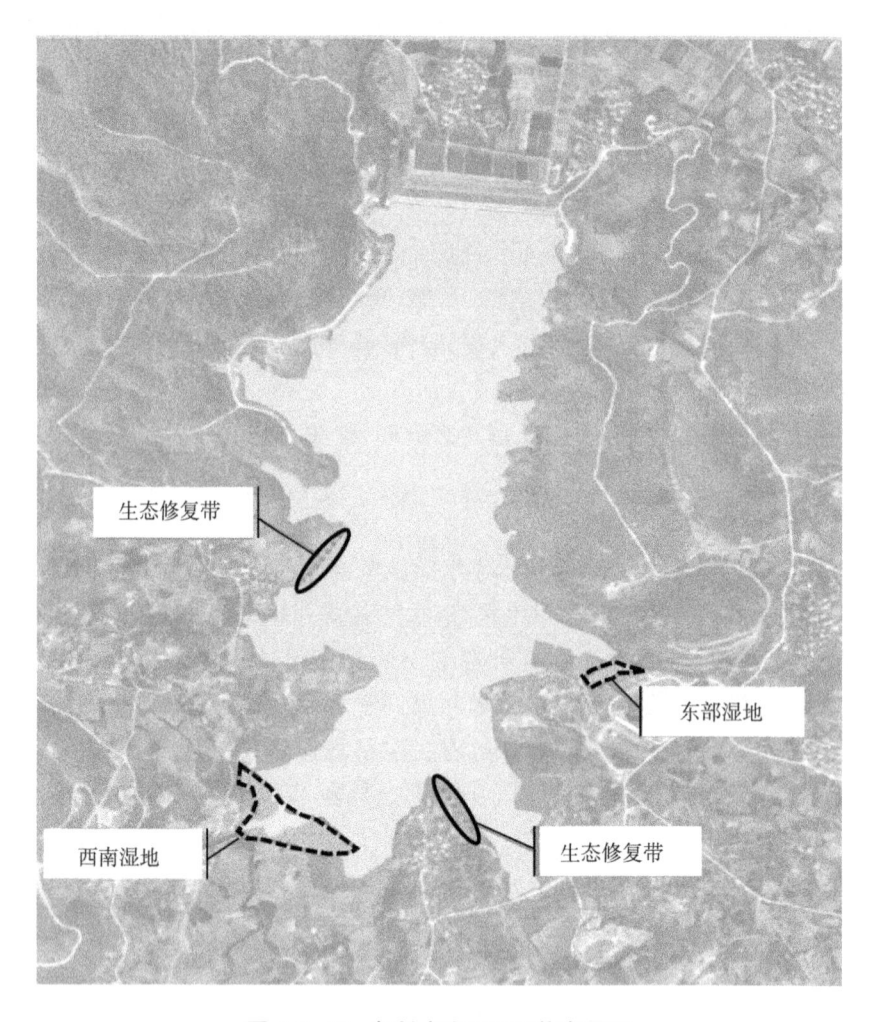

图 4.2-10　赵村水库工程总体布局图

地形改造工程量较小。湿地为组合型湿地,包含稳定塘、表面流湿地、末端强化湿地,内部种植各类型水生植物。

(1) 西南两支流河口人工湿地

①场地现状:西南上支经农田、天然湿地,漫越现状土堤入库。西南下支经多级跌水、河口滩地入库。两支河道周边多为设施农业,河口多为半淹没状态浅滩。

②平面布置:西南上支入库口原有湿地保留,适当改造;汛期及中等强度降雨产汇流直接入库,原有堤坝加固适应汛期抗冲需要,顶标高 32.5 m;非汛

期或中等强度以下降雨产汇流导入湿地,原堤坝设置跌水。西南下支入库口在滩面建设生态堤坝,堤坝顶标高 32.5 m;为尽量增加过水路径,湿地末端外围滩面设生态子堤,子堤顶标高 32.0 m;考虑汛期行洪工况,堤顶具有一定的抗冲能力。两支来水经好氧型稳定塘进入水平流湿地,后经末端强化湿地入库。

图 4.2-11　拟建西南人工湿地平面布置图

③工艺流程:拟建西南人工湿地工艺流程图见图 4.2-12。

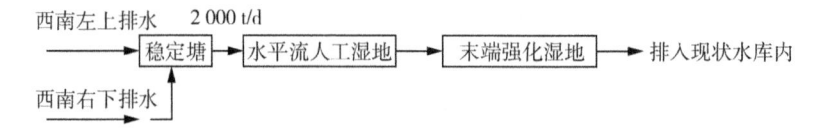

```
西南左上排水    2 000 t/d
─────────────→ ┌──────┐   ┌──────────┐   ┌──────────┐
               │稳定塘│─→ │水平流人工湿地│─→ │末端强化湿地│─→ 排入现状水库内
─────────────→ └──────┘   └──────────┘   └──────────┘
西南右下排水
```

图 4.2-12　拟建西南人工湿地工艺流程图

④湿地单元设计及主要设计参数:根据湿地面积及场地现状,参考各类湿地水利负荷,最终确定西南人工湿地可处理水量为 2 000 t/d。

表 4.2-5　拟建西南人工湿地单元设计参数

序号	名称	实际占地面积/m²	水力负荷/[m³/(m²·d)]	水力停留时间/h
1	稳定塘	8 100	0.25	4.05
2	水平流湿地	9 400	0.21	5.17
3	末端强化湿地	3 000	0.67	1.20
	合计	20 500		10.42

⑤基质的选择:目前广泛应用的人工湿地基质主要有沙粒、沙土、土壤和石块。基质一方面为微生物的生长提供稳定的依附表面,也为水生植物提供载体和营养物质,是湿地化学反应的主要界面之一。污水通过湿地时,基质通过吸收、吸附、过滤、离子交换或结合等途径去除污水的氮磷营养物质,酸碱度在其中起重要作用。本项目人工湿地基质采用砾石、卵石、块石,以及当地现有土壤。

⑥水生植物的选择:水生植物在人工湿地中起重要作用。植物的选择遵循以下原则:根系发达、输氧能力强;适合当地气候环境,优先选择本土植物;耐污能力强、去污效果好;具有抗冻、抗病害能力;具有一定经济价值;容易管理;具有一定的景观效应。根据项目区实际,选择芦苇、金鱼藻、美人蕉、常绿茭白等作为人工湿地水生植物。

表 4.2-6　拟建西南人工湿地单元基质及水生植物

序号	名称	面积/m²	湿地植物	湿地基质
1	稳定塘	8 100	香蒲、睡莲	原状土、种植土层
2	水平流湿地	9 400	常绿茭白、水芹、再力花、黄菖蒲	砾石、砾砂、粗砂、种植土
3	末端强化湿地	3 000	黑藻	原状土、种植土层
	合计	20 500		

(2) 东支流河口人工湿地

①场地现状：东南支流经村庄、农田、环库公路，经多级跌水沿北侧山体流入水库。拟建东部人工湿地位于东南支入库河口位置，上游为汽车公园。河口现状有若干水塘，除贴近汽车公园两处水塘外，其余塘面全年多数月份处于淹没状态。汽车公园场地多为裸土，沿公路侧有排水沟接入河道。

②平面布置：利用现有地形条件形成湿地边界，湿地边界临水侧用原有地形建成生态子堤，堤顶标高 33.0 m。考虑河道比降较大，在河道内布置三座跌水堰，跌水堰顶标高 35.0 m、33.8 m、32.5 m。在现有湿地内建立好氧型稳定塘，对来水进行预处理，河道水位低于 32.5 m 时，通过溢流口，将水流引至湿地系统，经稳定塘湿地→水平流湿地，改善水质后入库。

③工艺流程：拟建东部人工湿地工艺流程图见图 4.2-13。

图 4.2-13 拟建东部人工湿地工艺流程图

④湿地单元设计及主要设计参数：根据湿地面积及场地现状，参考各类湿地水利负荷，最终确定东部人工湿地可处理水量为 700 t/d。

表 4.2-7 拟建东部人工湿地单元设计参数

序号	名称	实际占地面积/m²	水力负荷/[m³/(m²·d)]	水力停留时间/h
1	稳定塘	2 146	0.33	3.1
2	水平流湿地	3 997	0.18	6.3
	合计	6 143		9.4

⑤基质及水生植物选择：详见表 4.2-8。

表 4.2-8 拟建东部人工湿地单元基质及水生植物

序号	名称	面积/m²	湿地植物	湿地基质
1	稳定塘	2 146	香蒲、睡莲	原状土、种植土层
2	水平流湿地	3 997	常绿葵白、水芹、再力花、黄菖蒲	砾石、砾砂、粗砂、种植土
	合计	6 143		

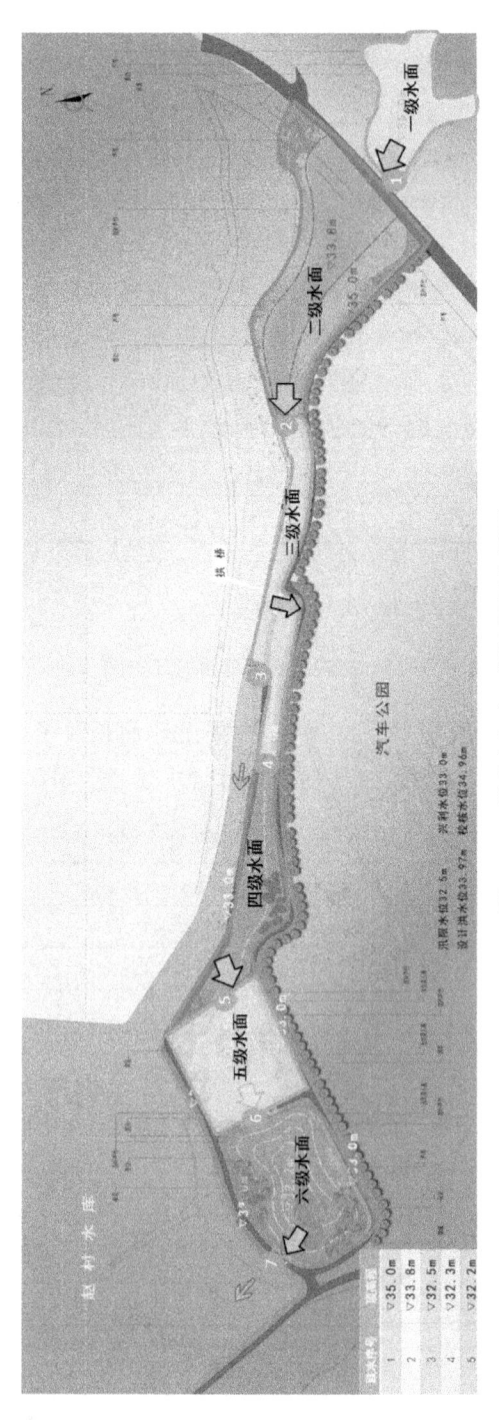

图4.2-14 拟建东部人工湿地平面布置图

2. 水库生态修复带建设

赵村水库生态修复带面积为 11 448 m²，布局在赵村水库西侧和南侧。

(1) 树种选择与配置

生态修复带树种应选择抗逆性强、低水耗、保水保土能力强、低污染和具有一定景观价值的乔灌木，并以乡土树种优先选用和栽植。结合项目区土壤、气候条件，项目区防护林建设选用垂柳、碧桃等乔木树种，要求树木胸径规格在 10 cm 以上。考虑到项目所在地地表生态恢复能力强的特点，除人工种植乔木带外，适当种植草种即可，草种选择黑麦等。

(2) 生态修复带布设

赵村水库西侧生态修复带范围长约 210 m，宽约 30 m，临水一侧种植垂柳和碧桃，随地形线带状布置池杉、墨西哥落羽杉和湿地松等湿生大乔木，地被使用矮生百慕大混播黑麦草草皮。

赵村水库南侧生态修复带范围长约 240 m，宽约 25 m，临水一侧种植垂柳和碧桃，林地内侧采用针叶落叶大乔木池杉和墨西哥落羽杉规则式种植，株距 3 m，形成一道天然的防护屏障。采取自由式种植方式片植池杉和湿地松，近民居处种植常绿大乔木广玉兰，常绿小乔木四季桂以及碧桃、白玉兰等开花乔木。地被选用矮生百慕大混播黑麦草草皮。

五、工程实施

赵村水库为南京市集中式饮用水水源地（备用），水质需要稳定达到Ⅲ类水标准，从近期的水质变化来看，水库总体水质虽然能达到Ⅲ类水水质目标，但为轻度富营养化状态，各入库支流承接库区周边村庄农业和生活污水，造成赵村水库水质不甚稳定，也成为水库水质进一步提升的约束。因此，开展赵村水库水生态修复与保护已迫在眉睫。

工程于 2016—2017 年度实施完成，工程总投资约 1 000 万元。工程针对赵村水库污染现状，以入库河道作为治理重点，着重解决水源地污染汇入和水源涵养问题，能够起到从源头开始对水源地进行保护的作用。工程运行工程设计依照水生态修复原则，从区域生态功能出发，充分利用植物的生态作用，以植被修复、重建及优化为主要手段，以截留和净化污染物、保护生物多样性、涵养水源、防止水土流失、生境景观优化为目标，开展赵村水库水生态修复，设计中同时兼顾库区生态效益、农民经济效益以及库区社会经济发展效益，有效促进区域水生态文明建设和水资源可持续利用，有利于实现经济社会发展与水资源、水环境承载能力相协调。

图 4.2-15 工程实施湿地现场照片

六、思考建议

1. 水库支流河口人工湿地设计的思考与建议

水库支流河口人工湿地的设计除要解决入库污染削减问题,同时也需要结合水库水文条件、地貌条件、植被条件等开展设计,需要关注以下几方面问题:

(1) 湿地处理水量确定:根据赵村水库长序列降雨资料,计算入库支流平水期、枯水期、洪水期来水量;依据支流来水量,根据用地条件,确定湿地处理水量;根据湿地类型,复核水力负荷和停留时间,确保满足设计规范。

(2) 湿地高程的确定:以水库汛限水位为设计边界,确定湿地出水高程;根据水库特征水位确定湿地边坡高程;根据入库河道高程、场地平面高程确定湿地内部高程。

(3) 湿地安全保障:为湿地设置行洪通道减少洪水期湿地冲刷;采用生态袋上覆雷诺护垫作为湿地边坡,一方面便于施工,另一方面确保边坡稳定。

(4) 湿地工艺选择:人工湿地一般由透水性的基质、水生植物、微生物及水体等部分组成,各部分相互作用,构成一个复杂的生态系统,通过过滤、吸附、沉淀、植物吸收、微生物降解等途径来实现污染物质的高效分解与净化。根据污水在系统中流动方式的差异,人工湿地污水处理系统可分为表面流(SFCW)和潜流(SSFCW)两种类型,后者又分水平流(HSSFCW)和垂直流(VSSFCW)两种布水方式。根据入库河道微污染水体特征,选择"表面流湿地"和"水平流湿地"为主体工艺,以"稳定塘"为辅,充分利用赵村水库的资源,以适宜的建设投资和运行费用,达到所要求的水质、生态和景观等目标。结合赵村水库轻度富营养化现状,重点关注对 TN 和 TP 的去除,选取适宜水生植物,并设置滤料以加强污染物的削减能力。

表 4.2-9 三种人工生态湿地处理污水系统类型比较

特征	表面流湿地	水平流湿地	垂直流湿地
水体流动	表面漫流	基质下水平流动	表面向基质底部纵向流动
水力负荷	较低	较高	较高

续表

特征	表面流湿地	水平流湿地	垂直流湿地
去污能力	一般	对 N,P 等去除效果好	对 N,P 等去除效果好
系统控制	简单,受季节影响大	相对复杂	复杂
环境状况	夏季有恶臭、孳生蚊蝇现象	良好	良好
动力	自流	自流	可动力提升,也可自流
投资	一般	较大	较大

(5) 湿地削减效果分析:根据现场调研与湿地场地占地情况,确定东部湿地处理水量 700 t/d,西南湿地处理水量 2 000 t/d。东部湿地进水口赵 1 监测点 COD、氨氮属于Ⅰ—Ⅱ类,TN 属于Ⅳ—劣Ⅴ类(1—2 月最差),TP 属于Ⅱ类(2月份最差)。西南湿地两个进水口赵 15 和赵 16 监测点位,其中赵 15 监测点位 COD、氨氮属于Ⅰ—Ⅱ类,TN 属于Ⅳ—劣Ⅴ类(2月份最差),TP 属于Ⅱ类—劣Ⅴ类(12月份最差);赵 16 监测点位 COD、氨氮属于Ⅰ—Ⅱ类,TN 属于Ⅰ—Ⅲ类(2月份最差),TP 属于Ⅰ—Ⅳ类(12月份最差)。参考湿地来水水质,最终确定湿地进水水质;根据湿地规模及湿地处理能力,最终确定出水水质标准为除 TN 外其余水质指标均达到地表水Ⅲ类水标准,TN 达到Ⅳ类水标准。

根据进出水水质及湿地处理规模,西南湿地可削减 TN 0.42 kg/d,削减率为 10.3%;TP 0.02 kg/d,削减率为 8.8%;东部湿地可削减 TN 0.22 kg/d,削减率为 5.0%;TP 0.014 kg/d,削减率为 8.3%。

表 4.2-10 湿地进水水质标准

指标	pH 值	COD_{Mn}/(mg/L)	NH_3-N/(mg/L)	TN/(mg/L)	TP/(mg/L)
东部湿地	6~9	6	1.5	3	0.1
西南湿地	6~9	6	1.5	3	0.15

表 4.2-11 湿地出水水质标准

指标	pH 值	COD_{Mn}/(mg/L)	NH_3-N/(mg/L)	TN/(mg/L)	TP/(mg/L)
出水水质	6~9	≤4	≤1.0	≤1.5	≤0.05

第五章

流域水环境治理典型案例

本章选用南京市高淳中西部圩区、金川河流域为例,介绍流域水环境治理典型案例。

第一节　高淳中西部圩区

一、流域概况

高淳区隶属于江苏省南京市,全区总面积 790.23 km²,辖淳溪、古柏、漆桥、固城、东坝、桠溪 6 个街道,以及砖墙、阳江 2 个镇,1 个省级经济开发区。至 2018 年底,高淳区常住人口 44.93 万人。近年来,高淳区通过规模扩大与结构调整,推动产业优化升级,经济保持快速增长的势头,2018 年实现地区生产总值 682.59 亿元。高淳区"地域不大但风景如画,地处偏远但宁静致远",渔业生产在全省乃至全国享有盛誉,固城湖螃蟹获评"中国好品质"荣誉称号。全区渔业养殖总面积约 31.05 万亩,以池塘和浅水生态养殖为主,虾蟹产品深受消费者喜爱,虾蟹经济是高淳区水产产业中的中流砥柱。

高淳区地势东高西低,依山傍水,境内东部为丘陵山区,西部为水网圩区,水域面积 191.00 km²,占 24.17%。高淳区气候属北亚热带南部季风型气候型,多年平均降水量 1 218.1 mm,全年中约 60% 的降水量集中在 5—9 月。

高淳区以茅东闸为界,分属水阳江和太湖两个水系,其中,水阳江水系 621.53 km²、太湖水系 168.70 km²。全区共有 362 条河道(河长制),河道总长 1 272.32 km,河网密度达到 1.61 km/km²(未考虑圩区内次要河沟),河流承载了区域防洪排涝、供水、航运、生态景观等诸多功能。境内共有 2 个湖泊(石臼湖、固城湖),另有 16 座中小型水库、2 万多个塘坝。

高淳中西部圩区面积 380 km²,位于水阳江水系,区域内主要河道包括横溪河、砖墙河、茅城河、时家河、唐家河、狮树河、扁担河、撑龙港河、漕塘河、藕丝闸西山河和向阳山河(含圩区 5 条河)等 11 条,总长 59.8 km,涉及砖墙、阳江、固城、古柏、漆桥等 5 个镇(街道)。

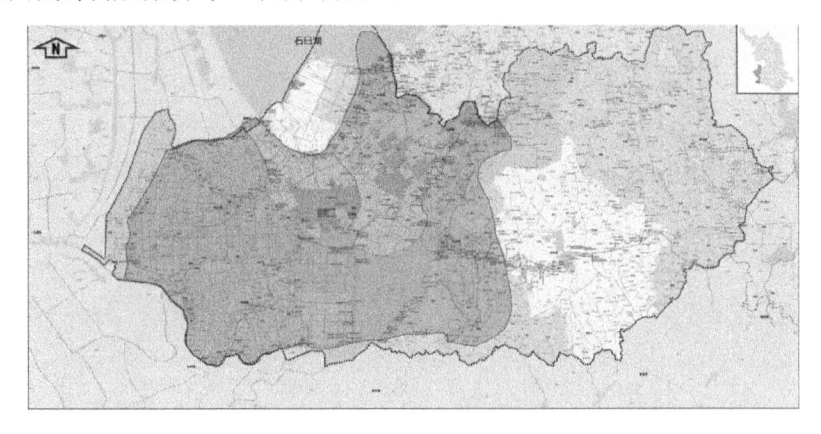

图 5.1-1　高淳西部圩区区位图

图 5.1-2　整治前现场照片

二、调查分析

本项目为水利部、财政部开展的水系连通及农村水系综合整治(现更名为"水系连通及水美乡村建设")第一批试点项目,按照项目申报要求,调查分析阶段对高淳全区进行了河湖地貌形态、水文水资源、水环境治理、水生态系统、水文化保护、水工程状况、河流管护、农村人居环境整治、农村污水集中处理、农村面源污染及排污口整治等多方面情况的调查与分析。经全区域调查摸排,当前迫切需要整治水共35条,河道总长达154.6 km,涉及问题主要包括水系连通不足、存在"四乱"现象、河道淤积、岸坡整治不到位、生态系统不完善、入河污染需进一步控制、景观人文有待提升、河湖管护不到位等几个方面。

在以上存在问题的区域中,按照"问题严重、治理紧迫、条件可行、示范带动"的原则,最终选取高淳中西部圩区面积 380 km² 作为实施范围开展水系连通及农村水系综合整治。

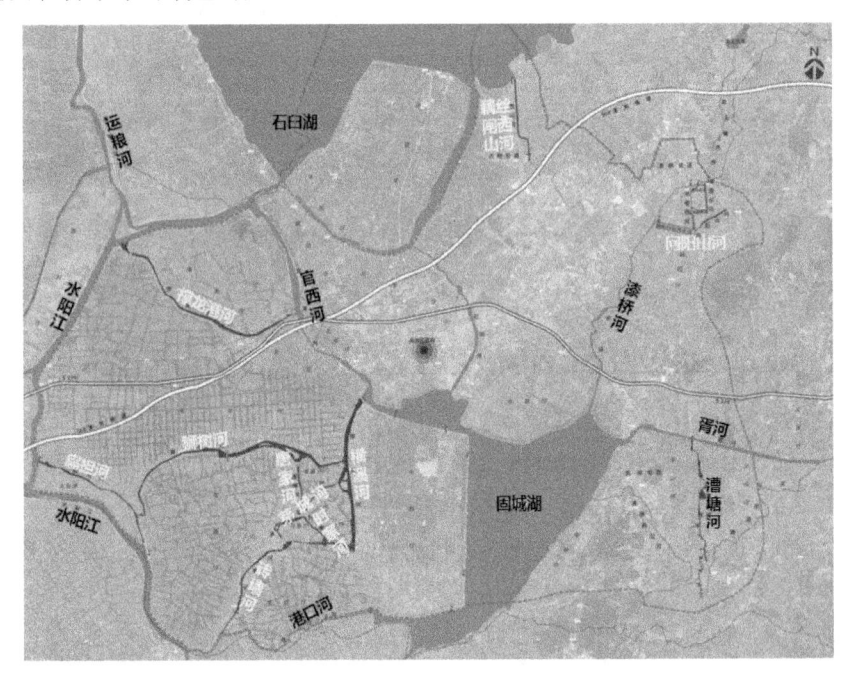

图 5.1-3　高淳中西部圩区主要水系图

该区域存在以下特征：

1) 问题严重性

实施范围存在问题比较严重,包括以下方面：

(1) 实施范围内大部分河道淤积堵塞严重,淤积深度在 0.5～1.8 m,唐家河、茅城河、扁担河等多条河道是断头河,水系不通；

(2) 河道两岸存在垃圾与部分房屋侵占；

(3) 尚未开展系统的水生态修复、没有合理设置控制调度设施形成必要的水位级差,造成水体流动性差、水生态环境品质日趋严峻,水生态环境问题突出。

图 5.1-4　河道现场情况

2) 治理迫切性

实施范围内河道治理迫切性体现在以下方面：

(1) 实施范围河道均是片区的主要河流,该片区基本以水产养殖为主,河道承担了片区引水养殖、排涝等基本功能；

(2) 实施范围约分布有 108 个自然村庄,16 万人,人口众多,约占全区总人口 36%,人口密度达到 421 人/km^2,河堤同时也是圩区群众出行的主要道路,河塘节点也是村民开展集体活动的重要场所,群众对河道的生态环境和人文环境有着较高的向往和需求。

河道对周边百姓的生产生活影响巨大,无论是从河道自身的生态系统健康,还是从百姓生产生活对河道的需求来看,实施范围内河道治理都是十分迫切的。

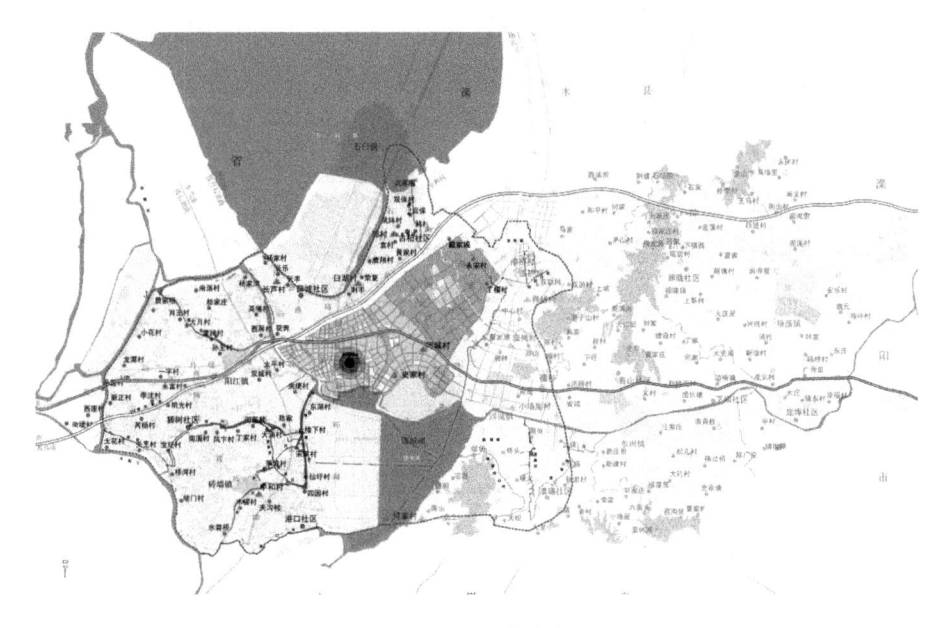

图 5.1-5　村庄分布图

3)条件可行性

实施范围内河道条件可行性体现在以下方面:

(1)地方政府积极性高。项目初期,高淳区高度重视该项工作,积极组织申报,为确保项目顺利实施,经研究,成立高淳区水系连通及农村水系综合整治试点项目领导小组,由副区长任领导小组组长,全区各个部门、街道主要领导任副组长、成员,全区合力建设,协同推进。与此同时,项目领导小组委托设计单位开展项目前期调研摸排工作,积极推进项目的开展。

(2)群众意愿强烈。通过座谈调研,项目实施范围内群众意愿强烈,希望通过项目开展,改善农村河道的生态环境,改善百姓居住环境。

(3)基础条件较好。高淳区已编制完成《高淳区全域山水林田湖草系统保护与整治规划》、《高淳区官溪片区水系互联互通及生态河道建设规划》、砖墙茅城河相关建设方案等,前期规划引领为本项目的开展奠定了良好基础。与此同时,实施范围内沿河各村庄均已实施农村污水收集处理;乡村环境治理已初见成效,建设完成了一批以时家村、四园村、木樨村为代表的美丽乡村和水美乡村,不存在区域矛盾、征占拆迁等重大制约因素,为项目的推进提供条件。高淳区在水务等工作方面在国家、省市均获得不少殊荣,在部门协同推进、资金整合等方面积累了丰富的项目实施经验,实施范围内河湖目前管护机制较为完善,为本项目的实施提供有力支撑。在现状基础上开展,实施范围内有供水供电、交通便利等较好的整治建设条件,水系连通及农村水系综合整治技术可行。目前,高淳区水系连通及农村水系综合整治试点县项目已列入高淳区2020—2021年重点工程,为本项目的实施扫清障碍。

(4)地方资金能落实。实施范围内环保、乡村治理、交通、生态观光农业等其他渠道建设资金仍在持续投入,高淳区将以水系连通及农村水系综合整治试点县项目建设补助资金为引导,加大融资平台保障,同时吸引社会资本投入。

4)示范带动性

实施范围内河道示范带动性体现在以下方面:

(1)片区内乡村环境整治、农村污水收集与处理、道路交通建设与本项目同步实施,能充分体现连片综合治理成效,美丽河湖点亮美丽乡村,有力地促进乡村振兴。

(2)河湖两岸村庄居民众多,且位置显要,具有"窗口"效益,水系连通与河道综合整治能直接提升百姓获得感、幸福感,社会效益显著。

(3)水系连通,水岸同步的立体化水生态系统的构建,面源污染的削减,都将大大提升片区水环境品质,为水质持续改善奠定基础,生态效益明显。

(4)美丽河湖为"美丽经济"加油,同时直接改善养殖用水水质,为养殖产业增收,经济效益显著。

三、目标策略

1. 治理目标

以乡村振兴的"产业兴旺、生态宜居、乡风文明、治理有效、生活富裕"总体要求为指引,力图通过本项目的实施,为地方乡村振兴奠定"生态底色",使项目范围内河道基本功能得到恢复、河道空间形态得到修复、河道水环境质量大大改善并持续稳定,同时结合河道水文化建设有力彰显地方特色,实现群众百姓"掬水而用、临水而憩、依水而兴"的总体建设目标。

掬水而用:恢复河道基本功能、修复河道形态,通过水岸协同整治,实现河畅、水清,并持续改善水环境、稳定并提升水质,使得滨河百姓能就近掬水而用。

临水而憩:因地制宜、融入地方特色文化,实现岸绿、景美,真正达到人水高度和谐、生态宜居,构建滨河百姓临水而憩的优美画卷。

依水而兴:直接改善区域内水产养殖用水品质,提升养殖产业经济价值;并结合美丽乡村建设,打造独具人文特色的休闲观光旅游品牌,点燃"美丽经济",使得滨河百姓依水而兴、生活富裕。

具体分为 4 个分项指标,共 18 个具体指标。

(1) 实现清水入圩:引清入圩、全面提升片区生态养殖业品质;

(2) 建设美丽河湖:河道功能、形态、水环境质量的改善与提升,河畅水清、岸绿景美、生态宜居,为乡村振兴增添生态底色;

(3) 塑造人文景观:体现地域特色、打造群众休闲与民俗活动场所、形成良好的自然人文景观;

(4) 构建长效管护:明确管护范围和内容、提升管护方案,落实管护责任与资金。

表 5.1-1　目标分解表

目标层	序号	指标层	标准
实现清水入圩	1	11 条河道水系连通率	100%
建设美丽河湖	2	灌溉供水保证率	90%
	3	排涝标准	达到二十年一遇
	4	水域岸线通畅率	100%
	5	生态岸线比例	88%
	6	恢复滨岸带植被面积	152 万 m²
	7	水质类别	Ⅳ类水
	8	农村污水收集率	97%
	9	主要河道排口治理率	100%
建设美丽河湖	10	水源涵养林草恢复	0.1 万 m²
	11	河道内浮床修补及布置	10 万 m²
	12	河道内沉水植物恢复	8 万 m²
	13	农业面源(蟹塘尾水)污染净化区设置	450 亩
塑造人文景观	14	打造人文景观节点	7 处
	15	打造景观河道(段)	11.06 km
构建长效管护	16	划定河湖管护范围	100%
	17	建立长效管护机制	100%
	18	落实管护人员与经费	100%

2. 治理标准

通过本项目的实施,治理将达到以下标准:

(1) 河道功能方面:治理范围内 11 条共 59.8 km 河道水系格局完整,泄排通畅,满足排涝、灌溉、生态等基本功能,清除河道圈养等 269 700 m^2、沿河垃圾 11 630 m^3,清除河道淤积 208.1 万 m^3,河道管理范围内,无乱垦乱种、乱挖乱建乱堆问题。

(2) 河流河势方面:河势稳定,河流纵向、横向连通性良好,连通率达到 100%,河流常年有水,水体自然流动,河道恢复河道空间和河流基本形态。

(3) 岸线岸坡方面:优化茅城河(砖墙河至时家河段)和扁担河(水阳江至狮树河段)2 km 平面形态,新建生态护岸长度约 101.6 km,改建生态护岸长度约 2.7 km,现状"挡墙出新"长度约 2.4 km,绿植配置 152 万 m^2,新(拆)建管护道路 23.4 km,河道岸线自然蜿蜒,生态岸线率达到 88%(现状 84%),岸坡稳定、整洁。

(4) 河流水体方面:污染有效治理,整治排口 2 个,设置农业面源(蟹塘尾水)污染净化区 450 亩;河面水体清洁,无污染危害,无明显漂浮物,无超标污水入河,恢复水源涵养林草 0.1 万 m^2,河道内修补及布置浮床 10 万 m^2,恢复沉水植物 8 万 m^2,水质达到 Ⅳ 类水标准。

(5) 人文景观方面:总体定位为总工程的配套工程,坚持以生态为本,打造"诗经水乡"的高淳水乡人文景观名片。重点打造①茅城河—时家河—唐家河重点河道"6.76 km 水舞乡村最美水岸乡村风景线";②自然型重点河段 1.48 km(扁担河 1 km、砖墙河 0.48 km),村镇型重点河段 1.3 km(撑龙港河);③"诗经水乡"永胜塘、四园塘、时家塘、晓游塘、木樨塘、孙家拐塘、三元塘 7 处人文景观节点。

(6) 维护管理方面:河湖管理范围明晰,管护人员、经费落实,河长制有效管护机制基本形成。

四、措施设计

基于实施范围内存在水系不通畅、岸线被侵占、河道淤积、岸坡凌乱、水质不稳定、生态功能不足、管护能力建设 7 个方面问题,整治制定了 9 大工程措施体系,依据不同河道特点因地制宜整治,力求治理系统性、完整性、协调性。

第五章 流域水环境治理典型案例

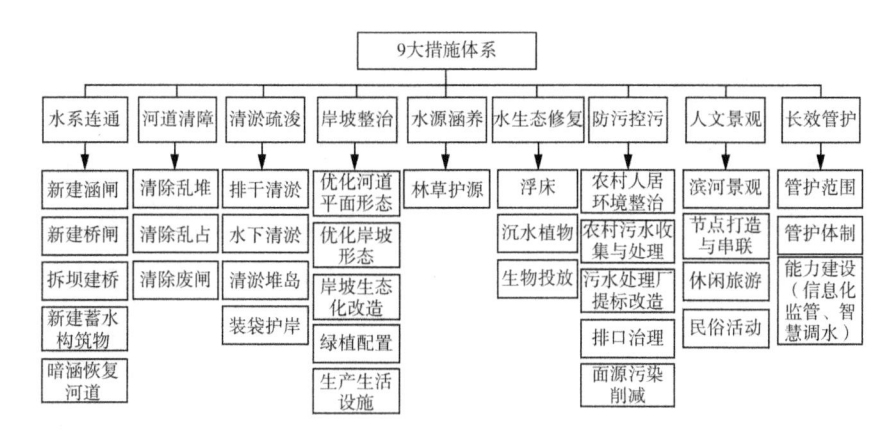

图 5.1-6 工程措施体系图

根据以上9大措施体系,11条河道制定建设任务。其中水源涵养工程涉及固城湖西北侧1.8 km岸线;防污控污涉及农村人居环境整理、农村污水收集与处理、污水处理厂提标改造及农村面源污染与排口治理。

表 5.1-2 建设任务表

序号	河道名称	水系连通	河道清障	清淤疏浚	岸坡整治	水生态修复	人文景观	长效管护
1	横溪河	○	√	√	√	√	○	
2	狮树河	○	√	○	√	√	√	
3	唐家河	○	√	√	√	√	○	
4	时家河		√	√	√	√		
5	茅城河	○	√	√	√	√		
6	砖墙河		√	√	√	√		
7	扁担河	○	√	√	√	√	○	
8	撑龙港河	○	√	√	√	√	√	
9	漕塘河	○	√	○	√	√		
10	藕丝闸西山河	○	√		√	√		√
11	向阳山河	○	√		√	√		

注:表中○为重点任务,√为一般任务。

(1)水系连通:构建片区整体水量水动力模型,开展多工况组合计算,根据计算分析成果,通过新建涵(桥)闸、拆坝建桥、新建蓄水构筑物等措施,完善河道水系格局;连通邻近宜连的河湖水体,满足排涝、灌溉、生态、水运等功能；结合引水闸站、设置适当水位级差，保障河道水体自然流动。

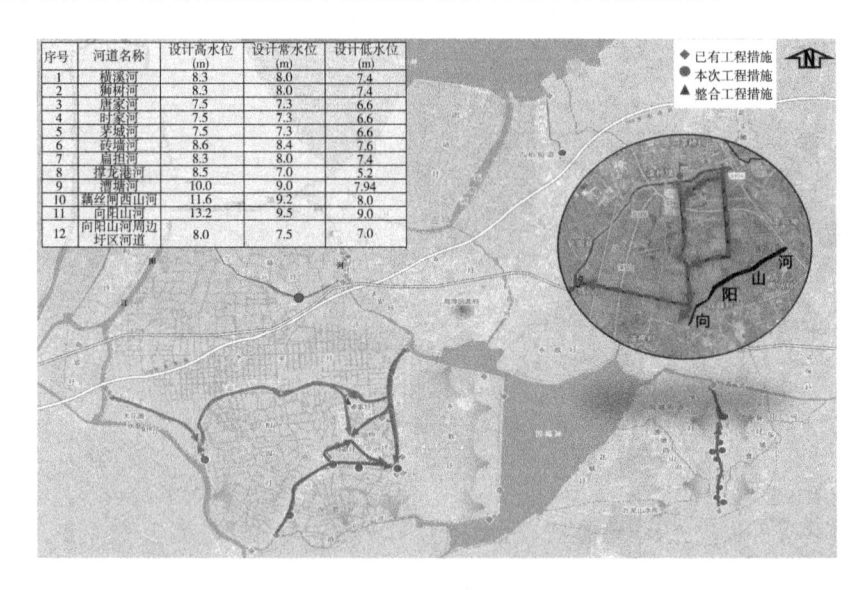

图 5.1-7　水系连通工程布局图

（2）河道清障：河道管理范围内，清除"四乱"、拆除废闸、废埂等障碍物，恢复河湖水域、滨水生态空间。

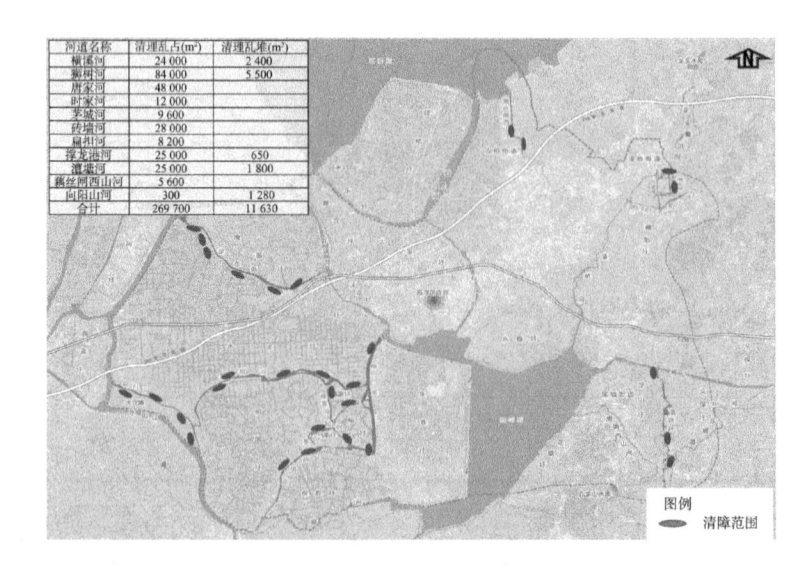

图 5.1-8　河道清障布局图

(3) 清淤疏浚：通过适当清淤方式，对河道内 200 万 m³ 淤泥等进行清除；采用堆岛、微地形营造或改良后装袋护岸等淤泥处置措施，以破解圩区清淤淤泥无去处的难题。

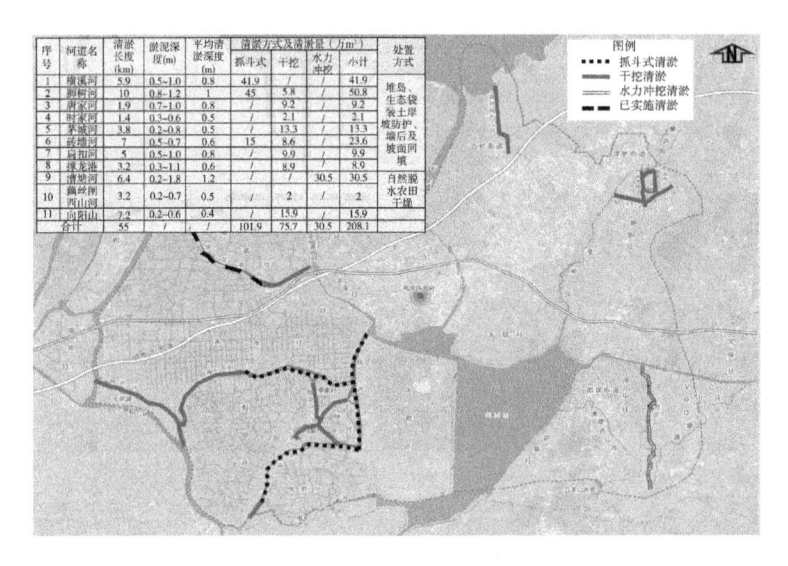

图 5.1-9 清淤疏浚布局图

(4) 岸坡整治：详细分析用地规划，结合规划绿地空间，挖掘条件、创造条件开展河道平面形态、岸坡形态优化，护坡护岸措施注重生态化，实现岸坡稳定、整洁，保护河流自然属性和河道生境多样性。实施范围内西山河、漕塘河、向阳山河为行洪河道，防洪标准为 20 年一遇；其余河道均为圩区内河，无挡洪要求，排涝标准为 20 年一遇；本工程堤防等级均为 4 级。岸坡整治在保障河道防洪排涝安全的基础上优化设计，进一步加强岸坡生态功能，进一步完善生产生活设施配备等。针对现状岸坡不完善问题，通过优化河道平面形态、优化岸坡形态、岸坡生态化改造、绿植配置、管护道路建设等措施，尽量保持岸坡原生态，维护河流的自然形态，防止河道直线化，避免裁弯取直，保护河流的多样性和河道水生生物的多样性。

(5) 水源涵养：通过林草护源、水土保持等措施，开展水源涵养。

(6) 水生态修复：通过河道内修补及布置植物浮床，恢复沉水植物，投放水生生物等措施，完善河道水生态系统，促进河道自净功能的恢复，实现水质的稳定达标（Ⅳ类水）和持续提升。

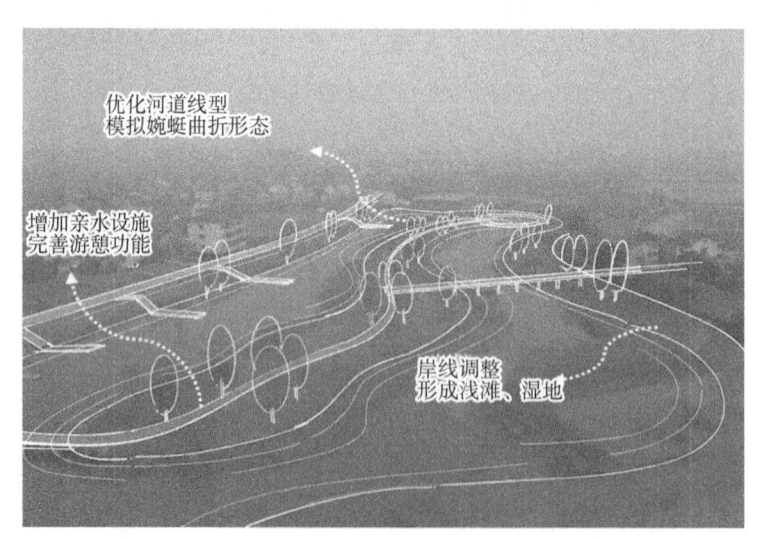

（7）防污控污：一是水岸并治，整合其他建设部门开展的农村人居环境整治、农村污水收集与处理、污水处理厂提标改造、水产养殖尾水净化等项目和措施；二是拾遗补阙，即针对其他项目未实施的零散的滨河民居，本项目开展点源处置，实现排水达标。实现无超标污水下河，无污染危害，河面水体清洁，无明显漂浮物。

图 5.1-10　茅城河(砖墙河至时家河段)设计

(8) 人文生态景观:定位为工程的配套提升措施。一是从实际出发,结合民居、人群的分布,划分出景观重点河道、重点河段、重要节点和一般河道、一般河段,有针对性地开展配套提升;二是将人文、生态融为一体,塑造生态型人文景观,打造"诗经水乡"的高淳水乡人文景观名片,提高群众百姓的获得感、幸福感,彰显地方特色,助力乡村旅游。

(9) 长效管护:通过管护范围划定、管护体制完善、管护能力建设等措施,以河长制为依托,实现河道长效管护,巩固和保障河道治理成效。

图 5.1-11 扁担河(水阳江至狮树河段)设计

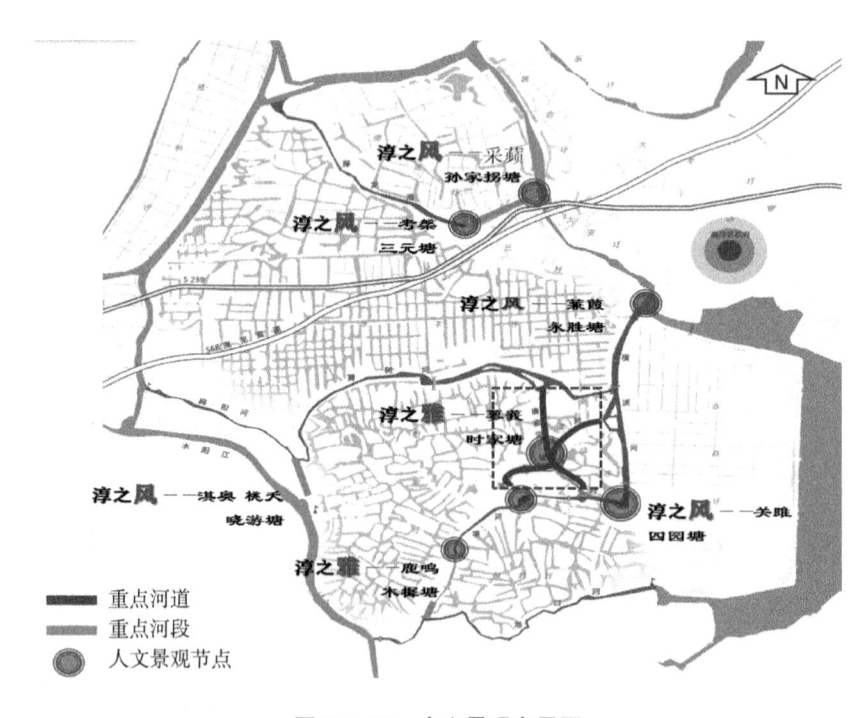

图 5.1-12 人文景观布局图

五、工程实施

工程于 2020—2022 年实施完成,总投资 6.33 亿元,2020 年度工程主要位于高淳区砖墙镇,包括横溪河、砖墙河等 5 条河,总长 18.7 km,目前已完工并且 2020 年度实施情况评估核查结果为优秀;2021 年度工程主要位于阳江、砖墙、古柏、漆桥、固城等 5 个镇(街道),包括狮树河、扁担河等 6 条河道及周边河道,总长 65.8 km,目前已基本完工。

本项目的实施具有以下两方面特征:

1. 多措并举,提升项目综合效益

明确整治目标后,高淳区通过水系连通、河道清障,实现"清水入圩",提升周边养殖产业用水品质;通过农村水系综合整治,整合项目、水岸连片整治,采用现代生态模式,推行村庄精细化治污,建设"美丽河湖",点亮"美丽乡村";通过把地域特色、群众休闲与民俗活动需求融汇于水岸设计,形成良好的生态型人文景观,初步奠定"西部圩区水乡特色民俗旅游圈"基础;通过完善管理体制、提升管理能力,进一步地实现"管护长效"的目标。

项目的实施,是水利、环保、交通、乡村环境、生态农业等多方共同的投入与整合,多措并举,通过水岸协同整治、地方特色文化融入、水产养殖提升及旅游品牌打造等方式,促进实现群众百姓"掬水而用、临水而憩、依水而兴",有利于高淳区国家现代农业产业园农用水水源水质保障与改善,助力固城湖螃蟹养殖产业发展,受益的村庄、群众百姓众多,社会效益、生态环境效益、经济效益突出,必将有力推动"乡村振兴"。

2. 尊重自然,彰显江南水乡特色

高淳区水系连通及农村水系综合整治遵循生态性、适宜性,新建生态沟渠、沉淀池、曝气池、生物净化池、过滤坝等进行面源污染整治,改善水环境质量。岸坡整治延续原有河道形态,并通过近自然河道平面改造,融合原有景致,构造滩地、洲岛、湿地等不同水域形态,着力恢复河道多样性的自然生境。

人文景观设计在与水系连通、河道清障、清淤疏浚、岸坡整治、水源涵养、水生态修复、防污控污、河湖管护各子项充分协调的基础上,尊重现场基底,分析特征水位,聚焦区域内河、塘、岸、圩、田、林、村等原有自然景观要素,从自然风貌、民俗文化、历史遗存三方面挖掘高淳地域特色,融合《诗经》意境,适度打造人文景观节点,设置浣洗台等亲水设施,满足人们生产生活需求,着力体现乡村自然风貌,描绘出一番独具高淳特色的"诗经水乡"画卷,传承与宣传本地特色文化。

图 5.1-13　工程实施后现场照片

六、思考建议

1. 水系连通及水美乡村建设项目国家政策梳理

农村水系是指位于农村地区的河流、湖泊、塘坝等水体组成的水网系统,承担着行洪、排涝、灌溉、供水、养殖及景观等功能,是农村水环境的重要载体,也是农村发展和人居环境改善密不可分的关键要素,与农村经济社会发展及农民生活相互依存、息息相关,在乡村振兴战略中发挥着重要的作用。

党的十九大明确实施乡村振兴战略,提出坚持农业农村优先发展的方针,以及"产业兴旺、生态宜居、乡风文明、治理有效、生活富裕"的总要求。

2018年中央1号文件就实施乡村振兴战略提出了总体要求和10项重大任务。其中第二项任务中提出"开展河湖水系连通和农村河塘清淤整治,全面推行河长制、湖长制"。

2018年2月中办、国办印发了《农村人居环境整治三年行动方案》,提出"以房前屋后河塘沟渠为重点实施清淤疏浚"。

2018年9月,中共中央、国务院印发《乡村振兴战略规划(2018—2022年)》,对实施乡村振兴战略作出阶段性谋划。规划提出"积极开展农村水生态修复,连通河湖水系,恢复河塘行蓄能力,推进退田还湖还湿、退圩退垸还湖"。

为深入贯彻落实党的十九大精神,加快推进乡村振兴,促进生态文明建设,改善农村人居环境,水利部对农村水系综合整治提出了一系列要求。

2018年10月12日,水利部提出了围绕实施乡村振兴战略的"一条底线、两个重点"的部署,明确了要把农村环境整治有关的水利工作作为当前工作的重点。其中"一条底线"是指农村饮水安全巩固提升,"两个重点"是指加强河湖管理,做好河湖整治和山洪灾害防御工作。

2018年10月,水利部印发《关于推动河长制从"有名"到"有实"的实施意见的通知》,提出:"将'清四乱'专项行动作为今后一段时期全面推行河长制的重点工作,管好河道湖泊空间及其水域岸线……着力解决'水多''水少''水脏''水浑'等新老水问题,管好河道湖泊中的水体,向河湖管理顽疾宣战,推动河湖面貌明显改善。"

2019年10月11日,水利部、财政部决定联合开展水系连通及农村水系综合整治试点工作,发布《水利部 财政部关于开展水系连通及农村水系综合整治试点工作的通知》(水规计〔2019〕277号)。

2019年11月11日,水利部办公厅发布《水利部办公厅关于印发水系连通及农村水系综合整治试点县实施方案编制指南的通知》(办规计函〔2019〕1253号),明确申报试点县实施方案编制的要求及要点。

2020年6月16日,水利部办公厅、财政部办公厅发布《水利部办公厅 财政部办公厅关于印发加强水系连通及农村水系综合整治试点县建设管理指导意见的通知》(办规计〔2020〕137号),明确试点县建设管理总体要求、做好建设方案审查审批、抓好项目组织实施、开展年度评估和竣工验收、健全建后管护机制、强化监督和社会宣传等工作要求,为试点县建设管理提出指导意见。

2021年4月7日,《水利部规划计划司 财政部农业农村司关于开展2021年水系连通及水美乡村建设试点的通知》(规计计函〔2021〕16号)提出,"水系连通及农村水系综合整治试点"更名为"水系连通及水美乡村建设试点",同时继续开展2021年新一轮试点工作,并公布了2020年评估核查结果。

2021年9月1日,《水利部办公厅 财政部办公厅关于开展2022年水系连通及水美乡村建设试点的通知》(办规计〔2021〕260号)对2022年继续开展水系连通及水美乡村建设试点工作做出了工作部署。

2022年8月17日,《水利部办公厅 财政部办公厅关于开展2023—2024年水系连通及水美乡村建设的通知》(办规计〔2022〕239号)对2023—2024年继续开展水系连通及水美乡村试点建设工作做出了工作部署。

2. 水系连通及水美乡村建设项目国家政策解读

政策解读包括农村水系治理与乡村振兴战略的关系、试点县申报条件、试点县申报加分项、试点县支持方式、《试点县实施方案》编制要求等内容。

图 5.1-14　国家政策解读

1) 农村水系治理与乡村振兴战略的关系

农村水系是乡村自然生态系统的核心组成部分,农村水生态环境质量是推动农村产业兴旺的强大驱动,是改善农村生态宜居的关键前提,是农村水安全建设的基本要求,实施农村水系治理在乡村振兴战略中意义重大。

开展水系连通及水美乡村建设,是贯彻习近平生态文明思想和治水重要论述的具体行动,是落实以人民为中心发展思想的内在要求,是促进农村产业兴旺、乡风文明的重要抓手,是补齐农村水利突出短板的迫切需要,对促进乡村全面振兴具有重要作用。

建设河畅、水清、岸绿、景美的水美乡村,增强农村群众的获得感、幸福感、安全感,促进乡村全面振兴,"美丽河湖"为乡村振兴增添生态底色,"美丽河湖"点亮"美丽乡村",带动发展"美丽经济"。

2) 试点县申报条件

城市规划区以外的农村地区,流域面积3 000 km² 以下中小河流和农村湖塘。每批试点县实施期限为两年。

主要考虑以下要素：

（1）县级政府高度重视，治理积极性高，人民群众治理意愿强烈，地方建设资金能落实；

（2）沿河村庄人口较多、河道淤积堵塞严重、水生态环境问题突出，集中连片规划治理，对改善农村水生态环境作用显著；

（3）前期工作基础好，技术可行，不存在区域矛盾、征占拆迁等重大制约因素；

（4）农村河湖管护机制完善；

（5）部门协同推进，相关治理规划衔接匹配，对已完成或拟同步推进污水集中处理、面源污染与排污口整治等工作的优先考虑；

（6）能够多渠道整合资金，吸引社会资金、金融资本的优先考虑。

3）试点县申报加分项

（1）中央奖补资金原则上不用于"水生态修复措施"、"防污控污"和"人文景观"，该三方面资金需利用省市奖补资金或整合其他渠道资金，多渠道筹措建设资金、创新融资模式和整合相关渠道资金是"加分项"之一；

（2）连片整治效果突出、人文景观良好、促进乡村振兴效益明显，也是"加分项"之一；

（3）河湖管护范围明确、责任和经费落实、河长制有效机制基本形成、管理措施先进方便，也是"加分项"之一。

4）试点县支持方式

中央财政水利发展资金采取先建后补、奖补结合的方式对试点县予以适当支持，对享受中西部地区投资政策的试点县，每县补助中央资金1.2亿元，对其他地区的试点县，每县补助中央资金0.8亿元。试点县的具体投资规模由省级根据水利发展资金中央补助规模和地方财力统筹研究确定。

5）《试点县实施方案》编制要求

（1）包含但不限于九个章节与附图附表；

（2）要求说清楚申报全域农村水系现状和面临的形势，提出需治理的农村河流及湖塘清单；

（3）按两部委和省市的相关文件精神和要求，选择确定项目实施范围与治理目标；

（4）提出实施范围内的各项措施布局与措施方案，含河湖管护方案；

（5）明确估算投资和资金筹措方案，多渠道筹措、创新融资模式、整合相关渠道资金要重点介绍；

（6）明确建管方案和保障措施；

（7）通过文字和图表，评估实施的预期效果。

第二节 金川河流域

一、流域概况

金川河是南京市城北地区的一条入江河道，发源于鼓楼岗和清凉山北麓，东起玄武湖大树根闸，经金贸桥、金川河节制闸、长平桥、水关桥、回龙桥，一路向北经宝塔桥入长江，全长 37.78 km，流域面积 59.32 km^2。以金川河泵站作为分界线，金川河分为内金川河水系和外金川河水系。

内金川河水系分为主流、东支、中支、西支及老主流。内金川河汇水面积 9.68 km^2，为机排区，经由金川门泵站和金川河泵站排水入外金川河。由内金川河主流、中支、东支、西支和老主流来承担该汇水区内的雨水收集与输送。

外金川河水系由西北护城河、城北护城河以及内金川河在金川门汇合，通过外金川河入江，沿途南十里长沟、张王庙沟、大庙沟、二仙沟直接或通过闸门接入城北护城河及外金川河。其中南十里长沟水系包括主流、一支流、二支流、三支流。

金川河流域各河道均有水利控制设施，主要为坝、闸及泵站。

表 5.2-1 金川河流域河道概况表

序号	河道名称	范围	河长/km	河口宽/m	保护线宽度/m
1	内金川河主流	大树根闸—金川河泵站	2.88	9～25	7
(1)	内金川河东支	童家巷—内金川河主流	1.22	4～14.5	5
(2)	内金川河中支	省司法厅—内金川河主流	2.53	6～14	5
(3)	内金川河老主流	西北护城河—内金川河主流	1.30	10～18	5
(4)	内金川河西支	回龙桥—内金川河老主流	1.35	5～7	5
2	西北护城河	小桃园泵站—金川门泵站	5.66	12～180	12

续表

序号	河道名称	范围	河长/km	河口宽/m	保护线宽度/m
3	城北护城河	玄武湖—金川河翻板闸	3.23	40~50	12
(1)	张王庙沟	中储股份南京生资市场—城北护城河	1.00	6~10	8
(2)	南十里长沟	兴贤路—城北护城河	6.93	17~29	8
①	南十里长沟一支流	幕府山南麓—南十里长沟	1.82	3~17	8
②	南十里长沟二支流	和燕路—南十里长沟	0.84	5~10	5
③	南十里长沟三支流	南京宏创市政工程有限公司—南十里长沟	1.36	4~12	5
4	大庙沟	幕府南路—大庙沟泵站	1.20	2~10	5
5	二仙沟	金燕路—金陵乡泵站	1.00	4~15	5
6	外金川河	金川河泵站—入江口	2.90	25~117	15

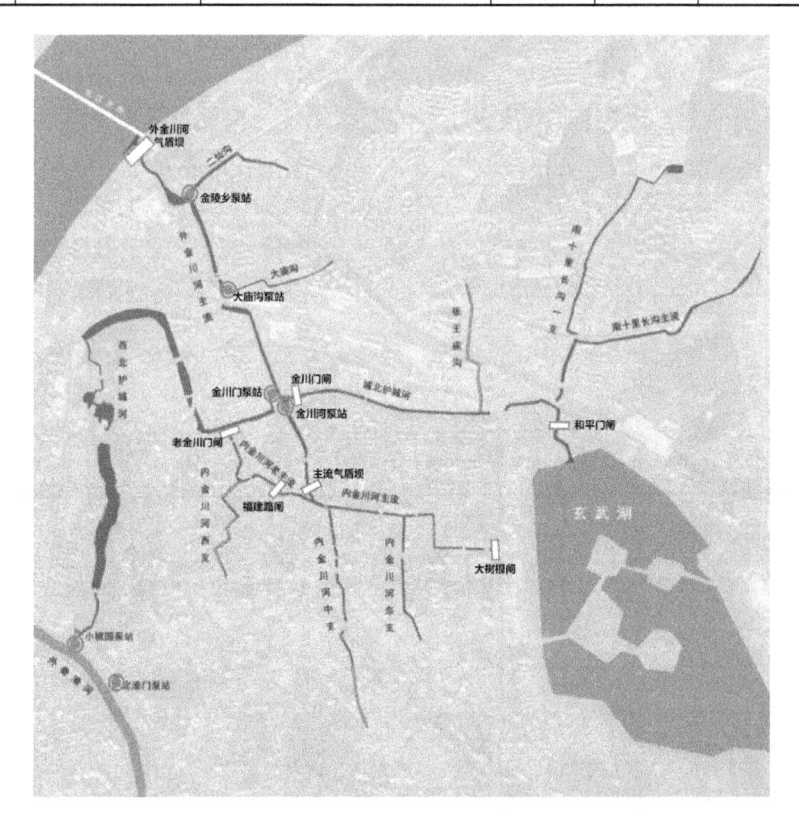

图 5.2-1 金川河流域水系及水利工程分布图

2010年,南京市启动了金川河流域改造,主要是针对城北护城河、金川河河道在河道景观、违章乱建、水质状况及生态环境中存在的问题，运用生态修复手段，实施坡岸绿化软化改造、清淤等工程，尽可能消除河道底泥污染，并同步实施沿河片区雨污分流、截污改造、引水补源等工程。2016—2017年，对金川河流域主要水系实施清淤工程、排口截污工程、岸坡整治工程、景观工程等。整治后，河道基本情况如下：

① 和平门闸—中央门桥：复合式断面，口宽约25 m，河底高程7.3 m左右。10 m以下为梯形断面浆砌石护砌，10 m设平台，10 m以上为矩形断面，浆砌石驳岸。

② 中央门桥—金川门闸：大部分为复合式断面，口宽40 m左右，河底高程6.5 m左右。9.5~10.5 m设平台，以下为梯形断面浆砌石、植生砌块护砌，以上为浆砌石挡墙、钢筋混凝土防洪墙。中央门桥—风帆蓄电池厂段左岸为梯形断面。

③ 金川门闸—惠民桥：复式断面，口宽40~70 m，河底高程4.0 m。9.5 m设平台，以下为矩形断面，浆砌石驳岸；以上为钢筋混凝土防洪墙。

④ 惠民桥—金陵乡泵站：复式断面，口宽50~70 m，河底高程5~4 m。9.5 m设平台，以下为梯形断面，浆砌石驳岸；以上为钢筋混凝土、浆砌石防洪墙。

⑤ 长江大桥以下：复式景观断面，口宽60~130 m，河底高程4~1.8 m。9.5 m设平台，以下为仿木桩、景石、植生砌块等生态驳岸；以上为钢筋混凝土、浆砌石防洪墙。

图 5.2-2 内金川河水系现场照片

图 5.2-3　外金川河水系现场照片

二、调查分析

1. 水环境质量评价

金川河流域水环境质量按照地表水环境质量Ⅴ类标准进行评价。

收集 2018 年 1—5 月内金川河东支、内金川河中支、内金川河西支、内金川河老主流、金川河主流等内金川河水系，南十里长沟主流、南十里长沟一支、张王庙沟、城北护城河、西北护城河、外金川河等外金川河水系，玄武湖、外秦淮河等补给水源的水质数据（数据来源于环保局），对金川河流域水质现状进行分析，结果如下：

（1）内金川河水系及外金川河

① 溶解氧：内金川河东支、内金川河中支、内金川河西支、内金川河老主流、金川河主流、外金川河各断面的溶解氧均达到地表水环境质量Ⅴ类标准要求。

② 氨氮：内金川河东支、内金川河中支、内金川河西支、内金川河老主流、金川河主流、外金川河各断面的氨氮均超过地表水环境质量Ⅴ类标准要求，为劣Ⅴ类。

③ 氧化还原电位：2018年1—5月，内金川河西支断面的氧化还原电位均高于50 mV。外金川河在1—3月的氧化还原电位高于50 mV。内金川河东支、内金川河中支、内金川河老主流在部分月份氧化还原电位低于50 mV。

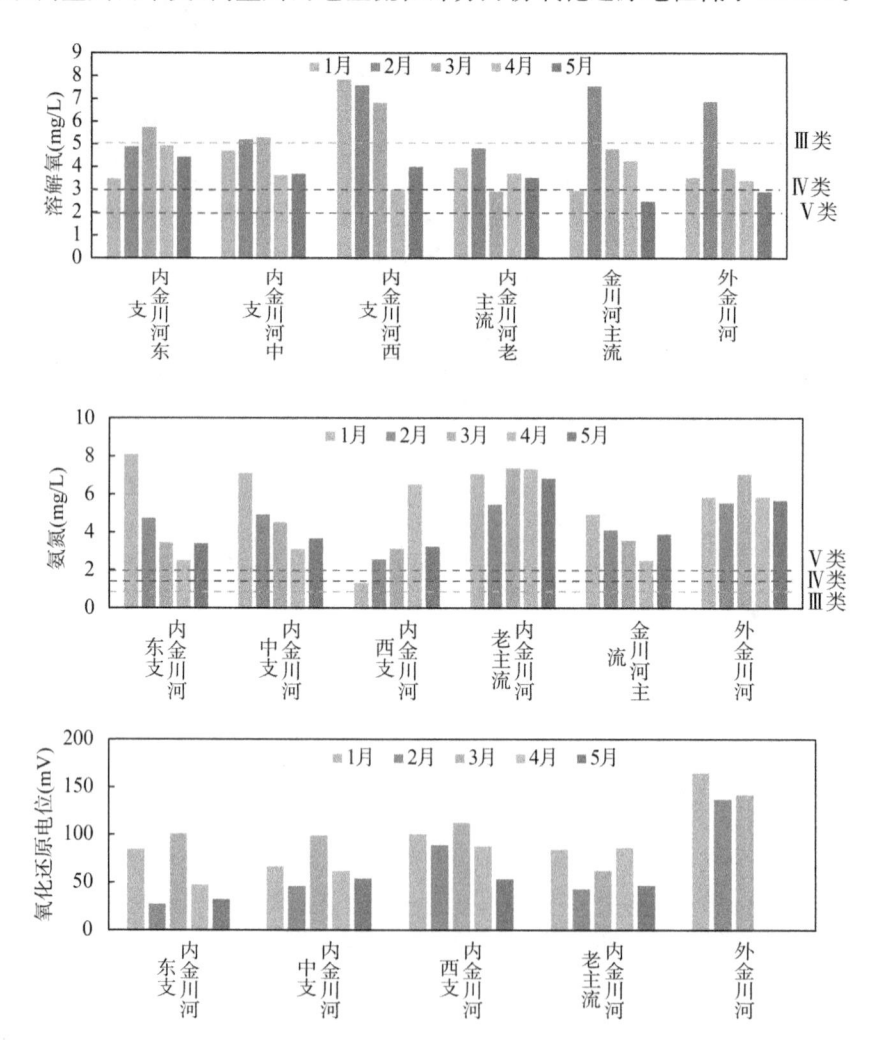

图 5.2-4　内金川河水系及外金川河水质状况分析图

从上述结果看:内金川河东支、内金川河中支、内金川河西支、内金川河老主流、金川河主流、外金川河水质为劣Ⅴ类,各河道水质主要超标因子是氨氮。

(2) 其余支流

① 溶解氧:南十里长沟主流、南十里长沟一支、张王庙沟、城北护城河、西北护城河各断面的溶解氧均达到地表水环境质量Ⅴ类标准要求。

② 氨氮:2018年1—5月,南十里长沟主流、城北护城河、西北护城河各断面的氨氮均超过地表水环境质量Ⅴ类标准要求,为劣Ⅴ类。张王庙沟、南十里长沟一支断面的氨氮在Ⅳ—劣Ⅴ类之间波动。

③ 氧化还原电位:2018年1—5月,南十里长沟一支、张王庙沟、城北护城河、西北护城河各断面的氧化还原电位均高于50 mV。南十里长沟主流在部分月份氧化还原电位低于50 mV。

从上述结果看:南十里长沟主流、城北护城河、西北护城河水质为劣Ⅴ类。张王庙沟、南十里长沟一支水质未能稳定达到Ⅴ类。各河道水质主要超标因子是氨氮。

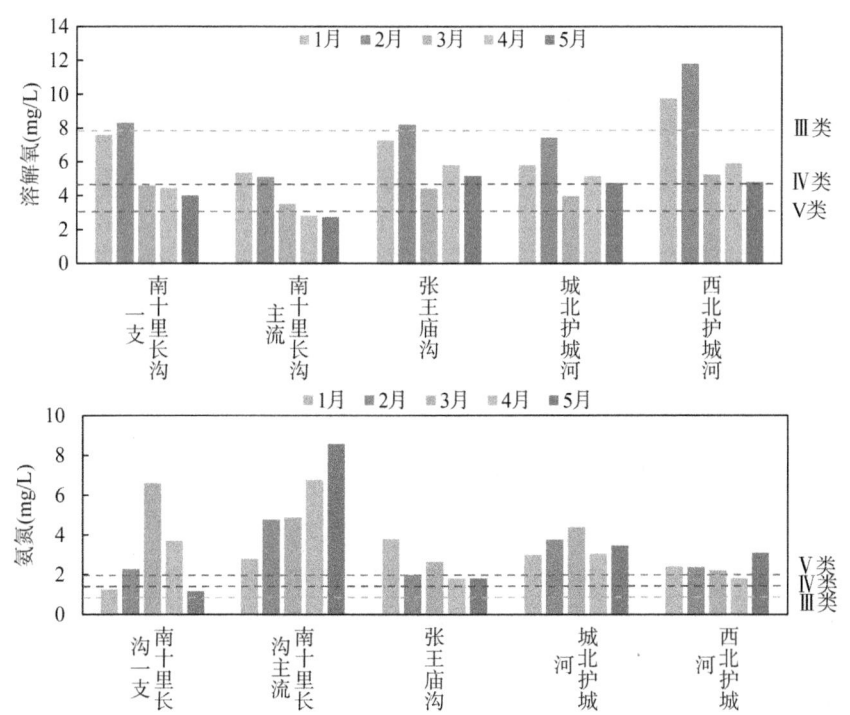

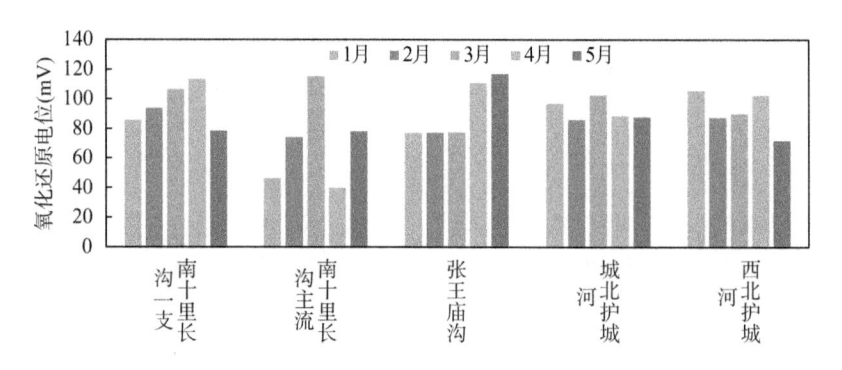

图 5.2-5　其他支流水质状况分析图

(3) 玄武湖及外秦淮河补给水源

2018年4—5月外秦淮河水质数据(来自环保局)显示:外秦淮河水质为劣Ⅴ类,主要超标因子为氨氮,超标约1.3倍。2015年1月—2016年4月水文局玄武湖固定断面水质监测资料显示:玄武湖综合评价为Ⅴ类,主要超标项目为总磷、总氮和化学需氧量。2017年3月委托中国科学院南京地理与湖泊研究所对玄武湖进行水质取样的检测数据显示:玄武湖水质为劣Ⅴ类,主要超标因子为总氮,超标约1.02倍。

表 5.2-2　玄武湖、外秦淮河监测结果表

河道名称	监测日期	DO/(mg/L)	NH_3-N/(mg/L)	透明度/cm	ORP/mV	COD_{Mn}/(mg/L)	TN/(mg/L)	TP/(mg/L)	评价
外秦淮河	2 018.4	3.954	2.475 5	46.70	164.2	—	—	—	劣Ⅴ类
	2 018.5	2.900 8	2.770 4	43.16	147.84	—	—	—	劣Ⅴ类
玄武湖	2 017.3	—	0.48	50	—	6.79	2.03	0.1	劣Ⅴ类

(4) 小结

根据本流域水质监测结果:经过历年河道水环境治理,流域内河道水体已全部消除黑臭;目前内金川河东支、中支及内金川河老主流、外金川河、南十里长沟主流水质氨氮月均值的平均值在4.0~6.8 mg/L之间;内金川河西支、金川河主流、南十里长沟一支、城北护城河水质次之,氨氮月均值的平均值在3.0~4.0 mg/L之间;张王庙沟、西北护城河、外秦淮河、玄武湖氨氮月均值的平均值低于3.0 mg/L。流域内河道水体目前水质尚未稳定达到Ⅴ类标准,距离消除劣Ⅴ类水体目标仍有差距。

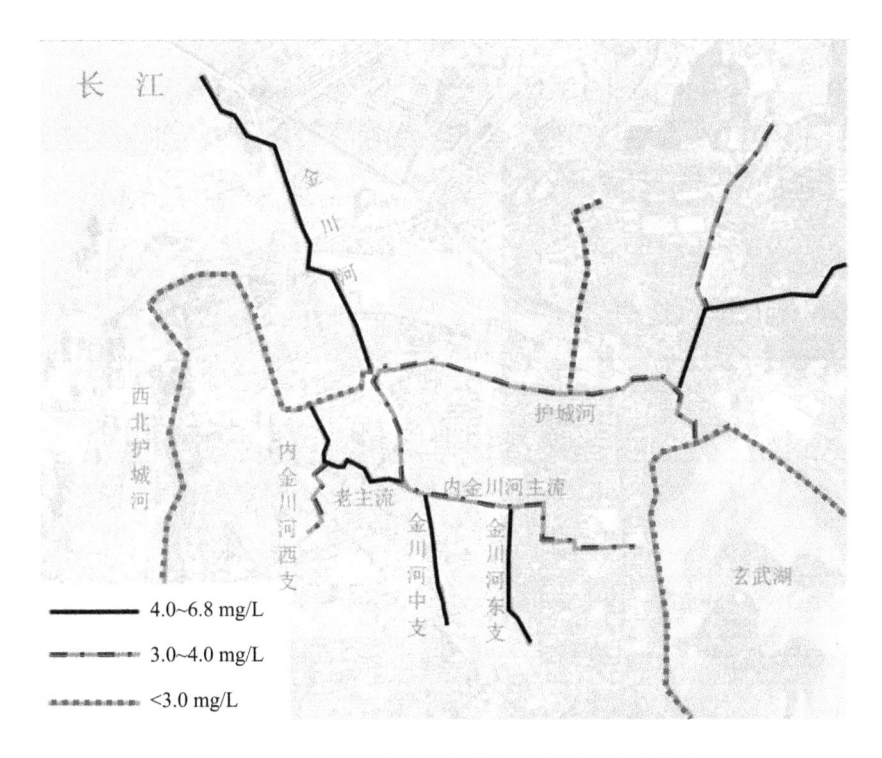

图 5.2-6　金川河流域氨氮月均值的平均值分类图

2. 污染源调查与分析

污染源调查范围为金川河流域面积 59.32 km²。根据资料分析与现场调查,流域内河流污染源主要有点源、面源、内源三类。

(1) 点源污染

金川河流域范围均属于城北污水处理系统范围,城北污水处理系统设计规模为 30 万 m³/d,主要服务于南京市主城北部地区,其范围南起北京西路,东至黑墨营何家村一带,北到幕府山,西至外秦淮河及长江,面积约为 54 km²,实际已超负荷运行。原污水收集系统主要为截流制,目前正逐步改造为分流制。

现状沿河区域铺设有污水管,根据现场调查,外金川河、内金川主流、内金川东支、城北护城河、西北护城河晴天有污水下河的排口共 27 个,沿河排口污染主要来源见表 5.2-3。根据业主提供的鼓楼区管线图,结合排口溯源资料,确定排口上游服务范围,根据服务范围内人口总量以及南京市人均用水定额[《城市给水工程规划规范》(GB 50282—2016)],确定服务范围内综合用水量。污水量采用用水量的90%,总变化系数根据污水量取2.0~2.3[《室外排水设计规范》(GB 50014—2006)],考虑到本工程雨污水管网系统错接、混接现象较多,未纳入污水管网系数取0.2(经验数值,如盐城采用0.25,淮安采用0.15),得到排口外排污水量约为356.48 L/s。

流域内共有2座雨水泵站旱天排水,分别为方家营泵站及金陵乡泵站。排水情况如下:由于城北水厂现状已满负荷运行,方家营泵站通过泵将泵站前池中的水向外抽排至外金川河,夜间排放,每晚2次,总排放量约8 000 m³/d;金陵乡泵站通过泵将二仙沟中的河水向外抽排至外金川河,夜间排放,每晚2次,总排放量约13 600 m³/d。

表5.2-3 排口污染来源情况调查表

河流名称	排口污染来源
外金川河	主要来源于回龙桥、宝塔桥处挡墙渗水,污染河道水质。
内金川河主流	主要来源于河道沿岸挡墙渗水及部分合流水下河,污染河道水质。
内金川河东支	主要来源于东南大学丁家桥校区生活污水及康贝佳医院、南邮部分生活污水污染。
城北护城河	来源于建宁路以北、中央路两侧地块生活污水。
西北护城河	来源于护城河南路沿线、建宁新村、郑和北路沿线、五所村等。

综上所述,金川河流域内主要包括四种类型点源污染:①前期已采取措施,但因污水系统高水位引发的排口;②因雨污水错接、混接而引发的排口;③现状旱天排污的雨水泵站排口;④挡墙渗水排口。

(2) 面源污染

主要来源于河道两岸的企事业单位、居住区等硬质化的地面及路面,由于缺乏初雨截流调蓄系统,地表污染物随雨水冲刷通过城镇地表径流进入区域河道。

(3) 内源污染

主要指进入河道中的各类物质通过各种物理、化学和生物作用,逐渐沉降至河道底质表层。积累在底泥表层的氮、磷、重金属等物质,在一定的物理、化学及环境条件下,从底泥中释放出来而重新进入水中,形成二次污染。由于河道水动力条件差,目前河道存在一定程度的淤积,淤泥释放出的污染物会持续恶化河道水质。

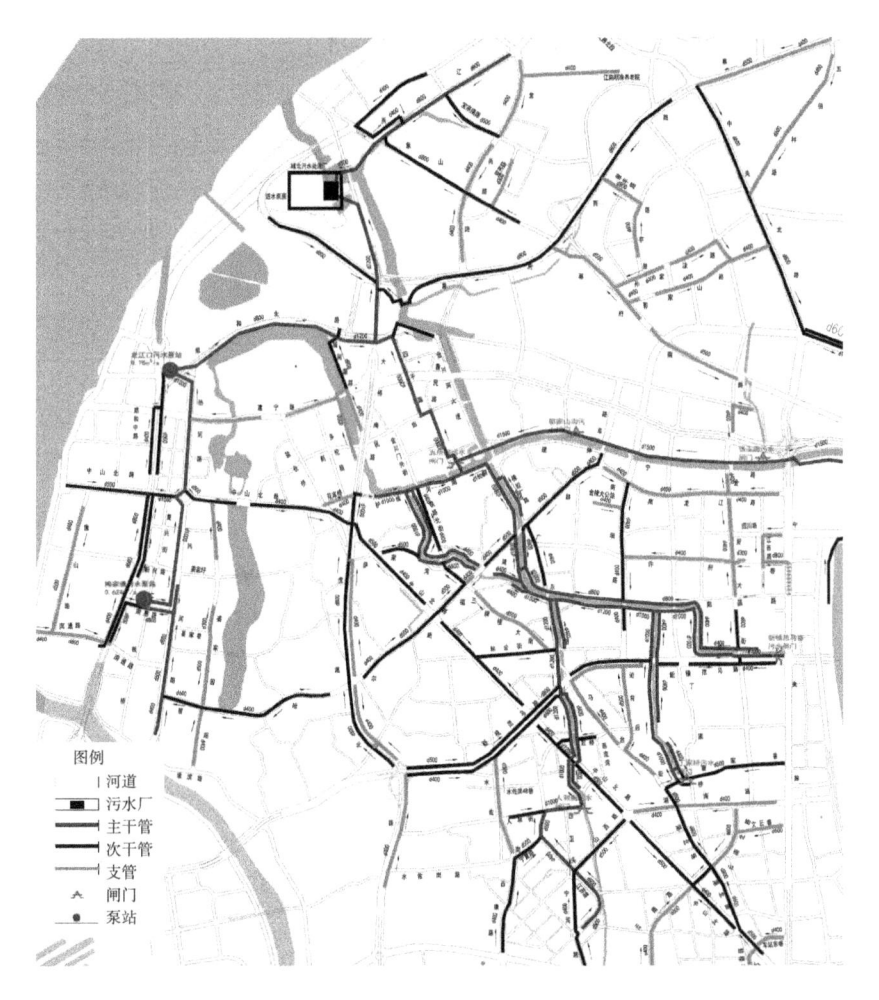

图 5.2-7　城北污水处理系统现状管网图

在动水条件下水体中淤污泥颗粒以悬浮释放为主,淤污泥中蓄积污染物的动态释放速率与流速基本成指数增长关系,参考一般城市黑臭河道的底泥释放实验数据,根据金川河流域内河道水动力情况,以氨氮为特征指标,估算河道内源污染负荷,结果如表 5.2-4 所示。流域内河流流经城市,河道形状大多为矩形河槽,且下游均建设有闸控制水位,河道流速相差不大,内源污染负荷估算中 NH_3-N 释放速率均取值为 132.76 mg/(m²·d)。

表 5.2-4　内源污染产生量估算结果

河道名称	泥水接触面积/m²	氨氮 释放速率/[mg/(m²·d)]	氨氮 释放量/(kg/d)
城北护城河	60 900	132.76	8.09
西北护城河	143 000	132.76	18.98
内金川河老主流	8 400	132.76	1.12
内金川河主流	40 500	132.76	5.38
内金川河东支	9 600	132.76	1.27
内金川河中支	14 000	132.76	1.86
外金川河	56 000	132.76	7.43

3. 生态本底调查与分析

（1）外金川河水系

外金川河 2016—2017 年进行过生态水环境的治理，两侧岸线以上景观布置环境较好，目前已完成两侧景观护栏设施施工。两侧护岸采用浆砌石硬化，河底两侧靠岸区域也已硬化，中间为土质底泥。水体透明度较低，河底底泥外翻现象严重，河道两侧均匀分布种植池，池内水生植物有再力花、美人蕉、菖蒲等，局部区域长势较好。在宝塔桥附近河道岸边发现少量水泥砌块盆栽，零星的沉水植物生长，但由于水质较差和底质的限制，导致沉水植物长势较差，以单株形式或单丛形式生长为主，生长量极少，无法形成规模，而且沉水植物的品种单一。河道内有成群小鱼游动，底栖动物对于底层水体改善起到关键性的作用，而在河道内暂未形成规模底栖动物生长。西北护城河部分河段河岸为直立和块石挡墙，岸坡上有植被分布，水深较深，河道内有成群小鱼游动。城北护城河岸边设置有生态护坡及人行步道，具有一定的亲水空间。二仙沟两岸呈现居民侧植被稀疏、对岸植被茂密的境况，两岸挡墙直立。

（2）内金川河水系

内金川河水系河流大多位于居民区内，河道两侧多为与河道紧邻、排列紧密的建筑群，部分区域两侧景观绿化完善，但河道整体呈现一种内向、封闭的空间状态，水生态功能基本丧失。河道两侧已无生态护坡，以直立和块石挡墙为主，河底大部分已硬化，内金川河从大树根闸至入江口，河道内未看到水生生物存在，鱼虾基本绝迹，生态系统极为脆弱，对于污水下河情况非常敏感，严重依赖上游补水，河道基本丧失自净能力。驳岸与水系多为垂直关系，人无法靠近水面。现状驳岸形式难以形成依水而生的生态体系，减弱了水体对城市的生态调节作用。内金川河中支、东支河道中均设置有曝气设备,东支河道中无水生植物生长,河岸两侧固化明显,植被稀疏。中支两侧岸坡固化明显,河道中无水生植物,但岸上植被较为丰富。老主流河段两侧岸坡固化明显,部分河段岸坡上有茂密植被。

4. 引补水能力调查与分析

金川河流域水系不作为供水水源,作为景观水体,需要满足生态与景观需求。

流域内各河道主要补水水源来自外秦淮河、玄武湖、长江,辅以部分清洁水源,为常态化补水,主要补水工程为小桃园泵站、定淮门泵站、大树根闸和和平门闸。补水调度方式如下:

东进北出,开大树根闸,引玄武湖水对内金川河主流、老主流部分进行生态补水,从金川河泵站、老金川门闸出水。

西进北出,定淮门泵站抽引外秦淮河水进入内金川河,经东支、中支后汇入主流,金川河泵站、老金川门闸出水。

内金川河西支补水由鼓楼区水务局提出补水需求,并协同市水务集团调整清洁水补水出水闸阀和政治学院上下游卧倒闸,已达到换水效果。

外金川河利用入江口翻板闸控制水位,当长江水位高于翻板闸时,闸门应完全打开。

表 5.2-5　金川河流域补水点情况表

序号	河道名称	河道位置（起止点）	引水点数量	引水点	常态化补水（万 t/d）	清洁水补水（万 t/d）
1	内金川河主流	大树根闸—金川河泵站	1	大树根闸	5.0	
2	内金川河老主流	西北护城河—内金川河主流	1	东妙峰庵桥清洁水 D100		0.1
3	内金川河东支	童家巷—内金川河主流	2	丁家桥（定淮门泵站）现状丁家桥清洁水 DN100		0.1
4	内金川河中支	省司法厅—内金川河主流	3	定淮门引水泵站人和桥 D400、三牌楼大街 D300、人和桥清洁水 D100	1.1	0.1
5	内金川河西支	回龙桥—内金川河老主流	1	定淮门引水泵站 D250,回龙桥小学清洁水 D150		0.1

续表

序号	河道名称	河道位置（起止点）	引水点数量	引水点	常态化补水（万 t/d）	清洁水补水（万 t/d）
6	西北护城河	小桃园泵站—金川门泵站	2	小桃园泵站,铁路北街桥清洁水 D150	5.0	0.1
7	城北护城河	玄武湖—金川河翻板闸	2	和平大沟闸,玄武区龙蟠路清洁水 D150	7.0	0.1
8	南十里长沟	兴贤路—城北护城河	1	化纤厂	4.0	
9	大庙沟	幕府南路—大庙沟泵站	1	幕府南路桥引水点(中央北路 D200 现状引水管,清洁水 D150)		0.2
10	二仙沟	金燕路—金陵乡泵站	1	金燕路大桥水厂引水管 D300	1.5	
11	外金川河	金川河泵站—入江口	2	长平桥清洁水 D100、幕府西路桥清洁水 D200		0.2
总计			17		23.6	1.0

根据流域补水现状可以看出,外金川河上游片区内大部分河道已有常态化补水措施,但外金川河本身并无常态化补水措施。

由于片区涉及范围较大,河道总体补水需求较难准确匡算,故而根据河道槽蓄量匡算河道补水需求。按河道槽蓄量及一天换水周期计算,除外金川河和内金川河东、中、西支外,其余河道现状已基本达补水需求。

根据调查,外金川河现状可新增补水点主要为上元门水厂向玄武湖补水路径中大庙沟处补水点,来水经大庙沟后补入外金川河。各支流可考虑扩大定淮门泵站及清洁水补水流量。补水需求分析如下：

表 5.2-6 补水需求分析表

河道名称	现状常态补水量/(万 t/d)	补水水源	补水需求/(万 t/d)	需新增补水量/(万 t/d)
内金川河东支	1.1	定淮门泵站（外秦淮河）	0.52	0.5
内金川河中支			0.88	
内金川河西支			0.20	
外金川河(大庙沟)	0	成平桥、幕府西路桥	4.8	4.8

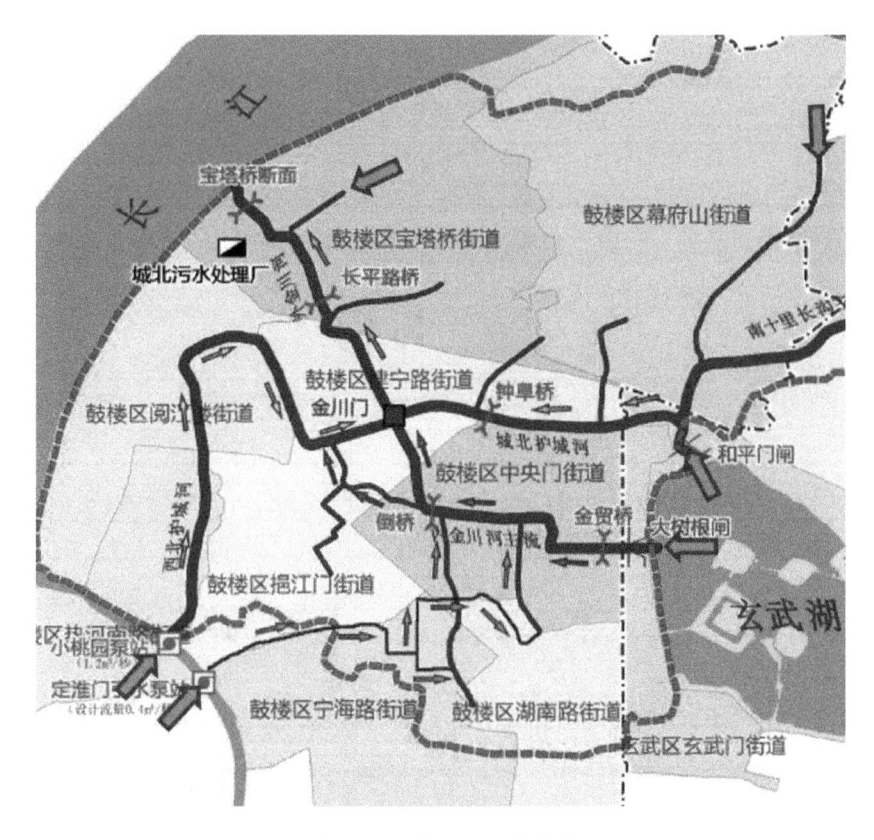

图 5.2-8　流域补水情况图

5. 防洪排涝能力复核

1) 防洪能力复核

外河设计洪水位直接采用《南京城市防洪规划(2013—2030)》(以下简称《城防规划》)设计成果。

(1) 防洪标准:根据《城防规划》,金川河作为中心城区范围内的通江小流域,下游圩区防洪标准 100 年一遇,上游防洪标准 50 年一遇。

(2) 设计洪水组合:外金川河洪水计算组合方案:100 年一遇设计洪水,采用小流域 20 年一遇暴雨＋"长流规"潮位。

(3) 设计洪水成果:河口"长流规"水位为 8.6 m,设计洪水由同频率设计暴雨推求,设计暴雨通过查算《江苏省暴雨参数图集》得到,经计算 20 年一遇设计洪峰流量为 177.0 m^3/s,见表 5.2-7。

表 5.2-7　金川河流域设计洪水成果

所在区域	汇入河道	设计流量/(m³/s) 20年重现期	设计流量/(m³/s) 50年重现期	河口"长流规"水位/m
南京市主城	长江	177.0	211.0	8.6

外金川河沿程设计洪水位采用一维非恒定流河网模型计算,计算结果见表5.2-8。

表 5.2-8　金川河 100 年一遇沿程设计洪水位成果表

断面	河口	城北护城河闸下	城北护城河闸上	玄武湖下
水位/m	8.6	8.75	8.83	9.29

（4）现状防洪能力:金川河流域内各河道防洪标准均已达标,水安全方面现阶段存在的主要问题是挡墙存在裂缝和破损,涉及河道为内金川河主流、老主流、中支和南十里长沟一支流等。该问题是由年久失修引起的,较为普遍,应在后期管养维护内容中加强管护,暂不考虑工程措施。

2）排涝能力复核

内河排涝规模采用《南京市中心城区排水防涝综合规划》设计成果。

（1）排涝标准:内河排涝标准与城市防洪规划紧密结合,河道设计暴雨重现期取 20 年一遇,降雨历时 120 min,开机时间截止到雨停为标准,即最大 2 h 雨量 99.7 mm,雨停后河道恢复到开机水位,不因河道涨水导致地面受淹。

（2）计算方法:服务区内的调蓄水面面积（调蓄水面）、泵站实际运行过程中河道水位的控制（调蓄水深）等多种因素,使得泵站前河道的调蓄量不尽相同,从而影响泵站规模。

城区排涝模数计算公式为：

$$M = 16.67 \cdot [\Psi \cdot X - (a/A) \cdot H]/T$$

式中:Ψ——径流系数;

X——设计雨量,mm;

a——调蓄水位处平均水面面积,km²;

A——片区面积,km²;

H——河道调蓄量,mm;

T——设计排涝历时,min。

(3) 排涝规模：金川河水系位于城北排涝片区。城北排涝片区总面积为 97.00 km², 包含四个水系：金川河水系、北十里长沟水系、秦淮河水系及长江直排水系。其中秦淮河水系基本为自排区，南十里长沟汇水自排入玄武湖最终进入外金川河，北十里长沟汇水除燕子矶临江局部区域通过泵站机排入河外，其余大部分地区自排入河。金川河水系基本为机排区，区域内汇水通过泵站机排进入外金川河。片区内现状总排涝规模约为 120.49 m³/s，规划总排涝规模约为 157.49 m³/s。其中，自排区共有 68.65 km²，机排区共有 28.35 km²，计算工程范围内各河道排涝规模如下：

表 5.2-9　工程范围内各河道排涝规模

河道名称	汇水面积/km²	设计流量/(m³/s)
内金川河主流	7.56	59.70
东支	1.30	10.35
中支	2.69	23.68
西支	1.36	9.00
老主流	2.12	16.60
城北护城河	38.10	100.00
西北护城河	4.62	25.69
二仙沟	1.16	11.00
大庙沟	1.92	19.95
南十里长沟	12.74	86.76
一支流	4.53	34.50
张王庙沟	3.15	27.82

(4) 现状排涝能力：金川河水系内各河道排涝标准均已达标。

6. 问题分析

(1) 水环境问题突出

流域内河道水体目前水质尚未能稳定达到Ⅴ类标准，主要超标因子为氨氮，流域内存在点源、面源、内源等污染，距离消除劣Ⅴ类水体目标仍有差距。

(2) 水生态系统不健全

金川河流域大部分为主城区河道，工程建设难度较高，河道引补水能力不足，水动力条件差，岸坡生态化程度低，河道水下生态系统不够完善，甚至缺失,部分河道基本无自净功能。

(3) 滨水空间需提升

金川河水系各河道历经多轮整治,环境日趋完善和提高,部分河道因周边建设条件影响,存在环境盲点,处于原始杂乱状态,与周边其他段落形成鲜明对比,滨河步道贯通性差,康养亲水性差,滨水空间环境提升问题急需解决。

三、目标策略

以金川河宝塔桥断面水质达省考要求为核心,全面提升流域相关的断面水质。2019年起,宝塔桥断面水质相关考核指标年均值达到地表水环境质量Ⅴ类标准。实施范围内的河道水质基本消除劣Ⅴ类。在此基础上,打造金川河"活力蓝带、生态绿网、文化融入、智慧创新"的幸福河湖。

活力蓝带:(近期)通过步道贯通及环通、串联主要自然人文景观节点;(远期)融入科技(AI等)、健身等元素,打造鼓楼区的"活力蓝带"。

生态绿网:(近期)西北护城河、内金川河、(远期)外金川河等的绿道及生态廊道,打造金川河特色的生态绿网。

文化融入:(近期)展示水文化建设印记,增加公众水知识科普和公众参与度,(远期)融入现代文化创新理念,实现历史文化与现代文化的融合,打造特色水文化主题。

智慧创新:(近期)整合及(远期)升级智慧管理系统,实现集智慧管理、智慧运维、现代科技及生态科普于一体的智慧化平台。

流域发展:(远期)通过支流的提升,实现流域的联防联控、共保共治,打造生态、美丽、宜居、文化、智慧的幸福河湖标杆。

为实现以上目标,从污染源治理、水生态系统修复、滨水空间提升、水文化彰显四个方面进行了工程设计。

四、措施设计

1. 污染源治理

(1) 控源截污工程:针对现状四类污染排口进行整治。

①前期治理方案中有治理措施,但因污水水位较高,截流措施失效的雨

水排口:由于城北污水处理厂未能消耗日益增加的污水,污水管网内水位较高,经现场调查发现,大部分污水系统处于满流状态,污水井内水位深度达到 2~5 m,导致污水管内污水通过原有截流设施溢流至雨水管内,进而通过雨水出水口排出。此类排口拟采用方案:将现状截流井改造成双控型智能截流井,通过控制截污管及出水管口的液压闸启闭,以达到晴天污水不下河。

②目前没有整治的雨水排口:由于某些原因,市政道路上污水管和雨水管存在混接、错接现象,导致污水通过雨水管直接入河。此类排口拟采用方案为新建截流井,将污水接入污水管道。考虑到近期城北污水处理厂无法处理服务范围内产生的污水,以及新建截流措施后污水管网内增加的污水,势必会引起污水管网内的污水量增加,进而引起污水井内水位上升,为防止污水溢流,本次新建的截流井采用双控型智能截流井。

③合流排口:此类排口拟采用方案为拆除原有闸门,新建电动闸门。闸门采用平板式滑动钢闸门,配备侧、底水封封水,闸门顶部连接螺杆机对闸门进行启闭,闸门通过自控系统进行控制。

④现状旱天排污的雨水泵站排口:对雨水泵站前池污水来源进行调查,满足关闭污水下河通道条件的关闭下河通道;对无法关闭的,采用一体化处理设备进行处理,处理后的水达标后回到水体。

(2) 清淤疏浚工程:根据相关测量成果及河道历年来淤积速度来看,结合现状河底硬质情况以及河道岸坡稳定情况,外金川河平均清淤深度为 0.51 m,内金川河及其主流平均清淤深度为 0.64 m,内金川河老主流平均清淤深度为 0.32 m,内金川河东支平均清淤深度为 0.23 m,内金川河西支平均清淤深度为 0.15 m,内金川河中支平均清淤深度为 0.31 m,二仙沟平均清淤深度为 0.75 m。由于清淤工期很短,清淤工程量较大,为保障工程实施尽可能小地对周围环境产生不利影响,综合分析确定本工程清淤方式为水力冲挖方式。清淤总量约 63 100 m³。

2. 生态系统修复

(1) 生态补水工程:生态补水工程设计要在确保安全的基础上,充分利用现有设施,注重实效,注重综合效益,方便后期管养。设计主要包含上元门水厂至大庙沟补水系统、金陵乡泵站长流水功能改造、定淮门泵站扩容改造三部分。

①上元门水厂至大庙沟补水系统:现状上元门水厂至玄武湖为 28 万 t/d

的DN1000补水管道,该管道在中央北路与金碧路交叉口管道处新增d800 mm"T口",引上元门水厂部分补水通过DN800管道(流速为1.13 m/s)至大庙沟起点,补水管道长度1.7 km,日补水量约5万 m^3。

②金陵乡泵站长流水功能改造:在金陵乡现泵站站房内增加2台(1用1备)625 m^3/h、扬程10 m、功率30 kW泵组,将前池内水加压送往外金川河。

③定淮门泵站扩容改造:现状定淮门泵站规模为0.4 m^3/s,共3台泵,管径为DN700(流速1.05 m/s)。设计将原3台泵换为720 m^3/h、扬程25 m、功率75 kW泵组。

(2) 水位优化控制工程:为优化金川河水位调控方案,营造适宜景观水面,建设水位优化控制工程,工程包括外金川河口闸改造1座,气盾坝闸门尺寸为4 m×20 m;新建内金川河主流分水堰(闸)1座,坝宽16.0 m,蓄水高度1.9 m;新建东支跌水堰2座,蓄水高度0.5 m,位置分别为桩号K0+280、K0+400。

(3) 水质净化工程:金川河水系各河道均有生态补水,引水水源分别为小桃园泵站(西北护城河)、定淮门泵站(内金川河东支及中支)、上元门水厂(内金川河主流、外金川河、大庙沟、二仙沟等)和化纤水厂(南十里长沟主流及南十里长沟一支)。其中小桃园泵站及定淮门泵站均从外秦淮河取水,外秦淮河水质一般,水体透明度较低,水体浊度较高,固体悬浮物含量高。为有效提高生态补水水质,拟建定淮门泵站净水站、小桃园泵站净水站和东瓜圃桥净水站,对引水水质提升后输送至各补水点。

(4) 生态修复工程

对内金川河、外金川河、内金川河老主流、东支、西支、中支、城北护城河和二仙沟等水体实施生态修复工程。另外,根据金川河河道及水环境管理的具体需求,设置水文水质感知监测断面,对金川河河道水环境质量进行管控。

① 生态修复措施:主要包括曝气复氧工程、载体固化微生物工程、生态浮床工程、沉水植物构建工程和生态岸线优化工程等。设置微纳米曝气复氧设备8台,喷泉曝气机14台,微纳米膜管曝气盘系统260组,载体固化微生物设备2台,生态浮床1 353 m^2,沉水植物构建16 000 m^2,生态绿墙1 820 m^2,生态滞留池320 m^2,垂藤植物130 m^2,挺水植物补种260 m^2。同时采用格宾石笼,对排口段位置水生植物种植平台进行抗冲设计,在起到一定的过滤作用的同时,达到抗冲的效果。

② 生态管控措施:在金川河流域设置6个河道水文水质感知监测断面,

主要监测指标包括温度、pH 值、溶解氧、COD、氨氮、TP 等。结合配套建设的视频采集系统、数据传输系统、数据处理中心等，构建河道水质感知监控网络，并在此基础上开发河道水质监控预警系统，系统包括 PC 桌面版本和手机 APP 版本，为金川河水环境长效管理提供技术支撑。

3. 滨水空间提升

设计内容主要分为新建景观工程和提升景观工程两个部分。

① 新建景观工程为外金川河跌水迎宾、玉翠玲珑 2 个景观节点设计；跌水迎宾景观节点包括灯光 1 项、背景音乐 1 项；玉翠玲珑景观节点包括雾森系统 1 项、灯光 1 项、背景音乐 1 项、植物提升 2 300 m^2。

② 提升景观工程为金川河回龙探珠、瓜圃赏樱景观节点提升、金川河老主流景观提升工程、清源亭重建工程等。回龙探珠景观节点包括木平台设计 250 m^2，灯光设计 1 项，植物提升 330 m^2；瓜圃赏樱植物提升 2 500 m^2；金川河老主流垂直绿化改造 1 200 m^2，硬质平台设计 1 500 m^2，浅水景观 1 项，植物提升 8 000 m^2；清源亭重建 1 项。

滨水空间提升通过完善现有步道系统，实现步道贯通和环通；对示范区进行亮化和绿化等景观提升，打造幸福河湖标杆示范段。

4. 水文化彰显

设计建设水文化活动展馆，水文化活动展馆位于内金川河主流，具有重要的水文化宣传意义。水文化活动展馆主要以原有的社区活动中心为建设基础进行升级，将金川河水文化理念融入到社区活动中心，建设为民服务的多元化服务终端，强化河湖信息公开和社会监督，让公众在日常活动中了解金川河的水文化历史变迁，引导公众参与到金川河的水环境日常监管中，提升公众对水文化的了解深度，加强公众对水环境的监管力度。水文化活动展馆主要设备包括一体化多媒体终端、智能茶几多媒体终端、激光投影仪、户外多媒体终端、AR 划船、电子翻书、素材库建设，以及设备的综合布线和集成调试等。

设计水文化建设印记，以石碑的形式记载金川河的水系建设历史，以水文化长廊的形式展示金川河的历史文脉，使滨水的居民在河边漫步的同时回顾金川河的历史。

五、工程实施

金川河宝塔桥断面是南京市省控主要入江支流断面，水质达标至关重要。

图 5.2-9　水文化建设印记展示

本工程第一阶段于 2018—2019 年实施完成,总投资约 1.32 亿元,通过控源截污、清淤疏浚、引水补水、水位优化、生态优化及自动化、景观提升工程等多项治理措施,工程实施后,金川河流域水质整体从劣 V 类提升至 V 类水标准。

第二阶段于 2020—2021 年实施完成,总投资约 0.96 亿元,通过控源截污、水质净化工程、生态修复、景观亮化、长效管护、水文化彰显等多项治理措施,工程实施后,打造完成南京市幸福河湖试点。

六、思考建议

1. 幸福河湖解读

2019 年 9 月 18 日,习近平总书记在视察黄河时,历史性地提出了要把黄河治理成造福人民的"幸福河"的号召。"幸福河"的提出既是历史治水任务的传承,更是新的历史发展阶段国家水治理的新高度和新要求,对黄河具有特殊重要的意义,对其他流域也具有重大的参考借鉴价值,是全国河湖治理的根本指引。

第五章 流域水环境治理典型案例

图 5.2-10 建成后现场照片

幸福河湖，是人民幸福的实现载体之一与重要组成部分，其内涵应符合人民幸福的总体要求，实现人民群众对美好生活的向往。从河湖的角度看，幸福河湖要维持河湖生态系统自身的健康；从人的角度看，幸福河湖首先要满足人民群众对美好生活的向往；从人与河湖的关系看，幸福河要坚持人水和谐，实现流域高质量发展。

幸福河湖，是新时代的一个新概念、新理念、新方向、新目标和新要求。幸福河湖必然是生态河湖，维护河湖健康是幸福河湖的前提基础。幸福河湖已经超出了传统的健康河湖以及纯粹的河湖生态环境保护的范畴，具有主观性、区域性以及动态性，综合了水安全、水资源、水环境、水生态、经济社会、科学技术以及文化教育等各个方面的内容。幸福河湖社会需求具有多元性，水资源是基础，水安全是根本，水环境是难点，水生态是核心，水景观是亮点，水文化是背景。

南京市幸福河湖评价应具备以下几点要求：

（1）维护河湖健康是幸福河湖的前提基础；

（2）为人民提供更多优质生态产品是幸福河湖的重要功能；

（3）支撑经济社会高质量发展是幸福河湖的本质要求；

（4）人水和谐是幸福河湖的综合表征；

（5）能否让人民具有安全感、获得感与满意度是幸福河湖衡量标尺；

（6）幸福河湖之幸福，是一个物质和精神相结合的概念，即一个包含了文化属性的概念，因此幸福河湖也要体现物质文化、精神文化、制度文化以及已经形成的水文化。

2. 金川河流域幸福河湖建设的思考建议

"幸福河"定义为：能够维持河流自身健康，支撑流域和区域经济社会高质量发展，体现人水和谐，让流域内人民具有高度安全感、获得感与满意度的河流。幸福河是安澜之河、富民之河、宜居之河、生态之河、文化之河的集合与统称。

金川河流域幸福河湖的建设，在深度解读"幸福河"内涵要义的基础上，提出了"活力蓝带、生态绿网、文化融入、智慧创新"的总体目标。

幸福河湖打造是一项体系工程，难以通过一次工程全部实现。本次工程将优先重点河道、重要问题开展治理，以先行打造示范区域为近期目标，进而带动流域幸福河湖打造。

近期分项目标如下：

(1) 完善和提升目标:通过生态岸坡改造,滨水植物优化,蓄水工程及水生态系统构建,恢复健康的生态结构、应有的滨水景观、丰富生物多样性。

(2) 贯通和亮化目标:完善现有步道系统,实现步道贯通和环通;对示范区进行亮化和景观提升,打造幸福河湖标杆示范段。

(3) 水质提升目标:通过水质净化工程提升补水水质,结合生态系统提升河道自净功能,保证水质稳定在Ⅴ类水。

幸福河湖的建设重在功能形态改善和迭代升级,幸福河湖打造(工程第二阶段)在原有水环境提升工程(工程第一阶段)基础上的再次升级,旨在体现金川河特色的幸福河湖,即"生态之河、美丽之河、宜居之河、文化之河、智慧之河"。

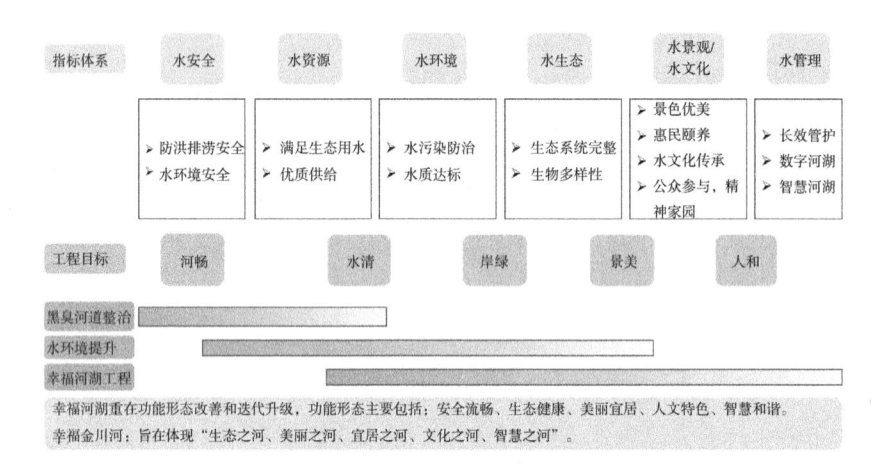

图 5.2-11　工程实施阶段

设计以"生态优先、整合完善、因地制宜、分期实施"的思路为指导,突出主干河道重点节点打造的示范和引导作用。

(1) 完善和提升:调研已实施工程情况,完善水环境及水生态措施体系,提升补水水质,稳定河道水质;提升养护管理质量。

(2) 贯通和改造:主干河道的贯通,重要节点的环通、亮化和景观提升。

(3) 提炼和展示:梳理水系河道建设历程,提炼历史水文化底蕴,打造水文化展示节点,形成历史印记,提高公众水文化普及和水治理过程的参与度。

(4) 整合和升级:整合现有智能设备及设施,构建金川河水系物联管控平台,实现与现有智慧水务平台的整合,升级智慧管理系统,实现智慧管理和智慧运维,实现措施和功能形态的迭代升级。

设计紧跟幸福河湖建设安澜之河、富民之河、宜居之河、生态之河、文化之河的要求,依据工程建设目标,切实分析河道与幸福河湖存在的差距与问题,制定工程设计策略。

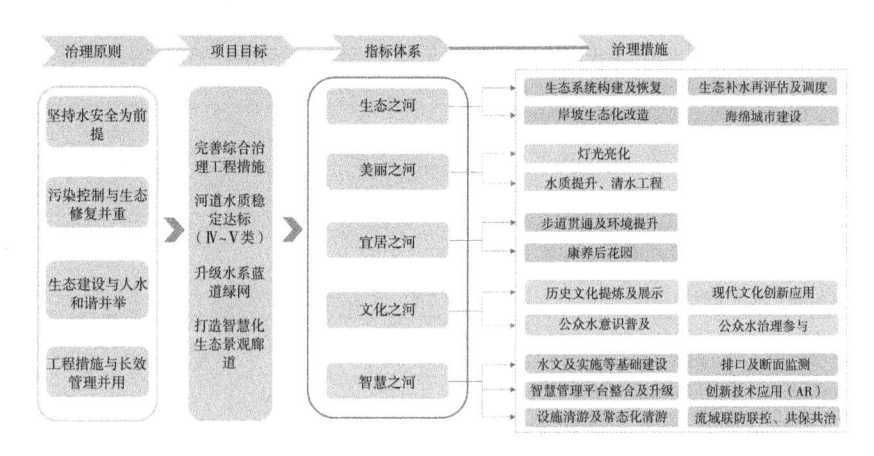

图 5.2-12 工程设计策略

参考文献

[1] 国务院. 国务院关于印发水污染防治行动计划的通知[EB/OL]. (2015-04-02). http://www.gov.cn/zhengce/content/2015-04/16/content_9613.htm.

[2] 中华人民共和国住房和城乡建设部,中华人民共和国环境保护部. 住房城乡建设部 环境保护部关于印发城市黑臭水体整治工作指南的通知[EB/OL]. (2015-8-28). https://www.mohurd.gov.cn/gongkai/fdzdgknr/tzgg/201509/20150911_224828.html.

[3] 南京市地方志编纂委员会. 南京水利志[M]. 深圳:海天出版社,1994.

[4] 陈震. 水环境科学[M]. 北京:科学出版社,2006.

[5] 韩龙喜,计红. 环境水文学[M]. 南京:河海大学出版社,2015.

[6] 孙开畅. 流域综合治理工程概论[M]. 2版. 北京:中国水利水电出版社,2015.

[7] 王浩,严登华,肖信华,等. 基于流域水循环的水污染物总量控制:理论·方法·应用[M]. 北京:中国水利水电出版社,2012.

[8] 李轶. 水环境治理[M]. 北京:中国水利水电出版社,2018.

[9] 李一平. 水污染防治[M]. 北京:中国水利水电出版社,2018.

[10] 冯绍元. 环境水利学[M]. 2版. 北京:中国农业出版社,2016.

[11] 国家环境保护总局,国家质量监督检验检疫总局. 地表水环境质量标准 GB 3838—2002[S]. 北京:中国环境科学出版社,2002.

[12] 中华人民共和国水利部. 水环境监测规范 SL 219—2013[S]. 北京:中国水利水电出版社,2014.

[13] 中华人民共和国水利部. 地表水资源质量评价技术规程 SL 395—2007

[S].北京:中国水利水电出版社,2008.

[14] 国家环境保护局,国家技术监督局. 土壤环境质量标准 GB 15618—1995[S].北京:中国环境出版集团,2007.

[15] 环境保护部. 生物多样性观测技术导则 HJ 710.1～11—2014[S].北京:中国环境出版社,2015.

[16] 中华人民共和国水利部. 河湖生态环境需水计算规范 SL/T 712—2021[S].北京:中国水利水电出版社,2021.

[17] 环境保护部. 生态环境状况评价技术规范 HJ 192—2015[S].北京:中国环境出版社,2015.

[18] 水利部水资源司,河湖健康评估全国技术工作组. 河流健康评估指标、标准与方法(试点工作用)[Z].2010.

[19] 水利部河湖管理司,南京水利科学研究院,中国水利水电科学研究院. 河湖健康评价指南(试行)[Z].2020.

[20] 中华人民共和国水利部. 河湖健康评估技术导则 SL/T 793—2020[S].北京:中国水利水电出版社,2020.

[21] 江苏省市场监督管理局. 生态河湖状况评价规范 DB32/T 3674—2019[S].2020.

[22] 水利部水资源司. 水资源保护实践与探索[M].北京:中国水利水电出版社,2011.

[23] 朱党生,张建永,史晓新,等. 现代水资源保护规划技术体系[J].水资源保护,2011,27(5):28-31+38.

[24] 陈星,许钦,何新玥,等. 城市浅水湖泊生态系统健康与保护研究[J].水资源保护,2016,32(2):77-81.

[25] 李冰,杨桂山,万荣荣. 湖泊生态系统健康评价方法研究进展[J].水利水电科技进展,2014,34(6):98-106.

[26] 肖风劲,欧阳华. 生态系统健康及其评价指标和方法[J].自然资源学报,2002,17(2):203-209.

[27] 翁焕新. 城市水资源控制与管理[M].杭州:浙江大学出版社,1998.

[28] 朱丽向. 对城市河道治理规划问题的探讨[J].水利规划与设计,2009(2):6-7+66.

[29] 傅强. 城市河道现状及治理规划措施探讨[J].水利规划与设计,2016(12):30-31.

[30] 黄鸥. 城市水环境综合治理工程存在的问题与解决途径[J]. 给水排水, 2019, 45(4): 1-3.

[31] 刘向荣, 彭艺艺, 余润生, 等. 城市河道综合整治设计新理念[J]. 中国水利, 2010(4): 31-33.

[32] 陈杰, 黄凌. 城市河道综合整治与河道生态景观[J]. 水电与新能源, 2012(3): 75-78.

[33] 陈松, 闭祖良, 国洪梅, 等. 城镇河道综合整治的几种措施[J]. 中国农村水利水电, 2010(8): 34-36.

[34] 赵鹏, 孙书洪, 陈弘. 基于一河一策的河道达标治理研究[J]. 水利规划与设计, 2019(3): 18-21+33.

[35] 许映建, 石磊. 城市河道整治若干问题及对策探究[J]. 水利规划与设计, 2017(2): 16-18.

[36] 张先起, 李亚敏, 李恩宽, 等. 基于生态的城镇河道整治与环境修复方案研究[J]. 人民黄河, 2013, 35(2): 36-38+77.

[37] 倪晋仁, 刘元元. 论河流生态修复[J]. 水利学报, 2006(9): 1029-1037+1043.

[38] 中华人民共和国水利部, 中华人民共和国财政部. 水利部 财政部关于开展水系连通及农村水系综合整治试点工作的通知: 水规计〔2019〕277号[Z]. 2019.

[39] 李原园, 杨晓茹, 黄火键, 等. 乡村振兴视角下农村水系综合整治思路与对策研究[J]. 中国水利, 2019(9): 29-32.